Über Hochspannungsmessungen

Dissertation

zur

Erlangung der Würde eines Doktor-Ingenieurs

vorgelegt von

Dipl.-Ing. William Bennett Kouwenhoven, E. E., M. E.
aus Brooklyn, New York, U. S. A.

Genehmigt
von der Großherzoglich Technischen Hochschule
Fridericiana zu Karlsruhe

Springer-Verlag Berlin Heidelberg GmbH
1914

ISBN 978-3-662-22895-1   ISBN 978-3-662-24837-9 (eBook)
DOI 10.1007/978-3-662-24837-9

Referent: Geh. Hofrat Professor Dr. A. Schleiermacher
Korreferent: Prof. Dr. H. Hausrath

Tag der mündlichen Prüfung:
21. Juli 1913

Die vorliegende Dissertation wird in
„Arbeiten aus dem Elektrotechnischen Institute der Großherzogl. Technischen Hochschule Fridriciana zu Karlsruhe" Bd. III erscheinen.

To my Wife and Mother

Vorwort.

Die vorliegende Arbeit beschäftigt sich mit der Messung von Wechselhochspannungen und besteht aus zwei Teilen; der erste enthält:

Die Theorie, Berechnung, Konstruktion und die experimentelle Untersuchung eines Spannungsteilers für Hochspannung,

der zweite Teil:

Theorie, Konstruktion und Untersuchung eines Hochspannungselektrometers.

Es sei an dieser Stelle erwähnt, daß ich bereits einige Monate mit dem Spannungsteiler beschäftigt war, als eine in der Phys. Techn. Reichsanstalt ausgeführte Arbeit von E. Orlich und H. Schultze erschien, die den gleichen Gegenstand betrifft. Die Widerstände ihres Spannungsteilers bestehen aus Manganindrähten, während ich Elektrolytwiderstände benutzt habe. Die Untersuchung über den Einfluß der Polarisation bei solchen Widerständen war längst beendet, als eine zweite Arbeit aus der Reichsanstalt erschien, die ebenfalls Messungen über die Polarisation enthält. Es liegt allerdings meinen Messungen, wie aus den späteren Ausführungen hervorgeht, eine völlig andere Methode zugrunde.

Hier möchte ich noch Herrn Geh. Hofrat Dr. Schleiermacher, dem ich die Anregung zu der Arbeit verdanke, sowie den Herren Professoren Dr. Hausrath und Dr.-Ing. Schwaiger für ihre freundliche Unterstützung bei der Untersuchung meinen verbindlichsten Dank aussprechen.

Ebenso habe ich dem Kuratorium der Arnold-Stiftung für die Gewährung einer Unterstützung aus dieser Stiftung zu danken.

Inhaltsverzeichnis.

Der Spannungsteiler.

	Seite
Einleitung	1
Theorie	3
Teilwiderstände	11
Einfluß der Temperatur auf die Lösung	12
Der Behälter für die Lösung	15
Dimensionen eines Rohrs	19
Widerstandsmessungen und Haltbarkeit der Lösung	20
Fehlerquellen	23
Polarisation	24
Konstruktion	29
Untersuchungen	33

Das Hochspannungs-Elektrometer.

Einleitung und Theorie	45
Konstruktion und Untersuchung	46

Der Spannungsteiler.

Einleitung.

Die Messung hoher Spannungen durch die Schlagweite oder bei Wechselspannungen auch durch Spannungstransformatoren leidet an Unsicherheiten, die es wünschenswert machen, in Fällen, wo es auf höhere Genauigkeit ankommt, insbesondere zur Eichung von Hochspannungselektrometern, zuverlässigere Methoden anzuwenden. Am zweckmäßigsten erschien hierzu die aus der Praxis der Niederspannungsmessungen bekannte Methode der Spannungsteilung: Ist V die zu messende Hochspannung, die sich auf die Widerstände R und ϱ verteilt, und v die an ϱ liegende Spannung, die elektrometrisch oder galvanometrisch ermittelt wird, so ist $V = \dfrac{R+\varrho}{\varrho} \cdot v$. Die Spannungsteilung kann auch durch Kapazitäten geschehen, die genaue Bestimmung des Verhältnisses der Kapazitäten ist jedoch schwieriger als die des Verhältnisses der Widerstände.

Bei niederen Wechselspannungen sind die Messungen durch Widerstandsteilung fast so einfach wie bei Gleichspannung, man braucht nur darauf zu achten, daß die Ladeströme, die von dem Teilwiderstand auf das Elektrometer fließen, genügend schwach im Verhältnis zum Strom im Spannungsteiler sind.[1] Bei hohen Wechselspannungen jedoch kommt die Kapazität der Widerstände gegeneinander und gegen Erde in Betracht, der Strom im Spannungsteiler kann nicht mehr als quasistationär angesehen werden, das Verhältnis zwischen V und v wird nicht mehr durch die einfache Beziehung dargestellt und die Spannungen in den verschiedenen Teilen des Widerstandes sind weder miteinander noch mit der Gesamtspannung in Phase.

---

[1] E. Orlich, Zeitschr. f. Instr. Bd. 29, S. 43, 1912.

In einem solchen Falle können wir uns den großen Widerstand aus kleinen Teilwiderständen $R_1, R_2, \ldots R_n$ bestehend denken, so daß in jedem der Strom für sich als quasistationär angesehen werden kann und daß, beim Übergang von einem Teilwiderstand zum nächsten, Phase und Größe sich ein wenig ändern. Dieser Fall ist in Fig. 1 dargestellt. Ein Pol der Hochwechselspannung ist mit dem Teilwiderstand R_n verbunden, der andere mit dem Teilwiderstand R_1 und gleichzeitig mit der Erde. Da in dem kleinen Widerstand R_n die Kapazitätsströme gegen Erde am größten sind, eilt sein Strom in Phase der Spannung gegen Erde und damit der Gesamtspannung vor, und das gleiche gilt auch für die zugehörige Teilspannung v_n an dem Widerstand R_n. Die Teilspannungen addieren sich und bilden mit der Gesamtspannung V ein Polygon wie dargestellt. Daraus folgt, daß die Spannung v_1 am geerdeten Pol der Gesamtspannung V nacheilt. Die Messung der Teilspannung wird fast immer am geerdeten Pol ausgeführt. Die Aufgabe ist, diese Spannung und ihren zugehörigen Strom in Phase mit der Gesamtspannung zu bringen und das Verhältnis zwischen V und v zu finden.

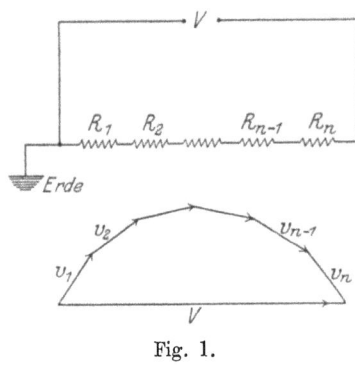

Fig. 1.

Die Theorie, Konstruktion und Untersuchung eines Spannungsteilers für Hochwechselspannung wurde von Orlich und Schultze[1]) veröffentlicht und der Spannungsteiler in der Reichsanstalt gebaut. Die Teilwiderstände des Spannungsteilers der Reichsanstalt wurden aus Manganindraht gewickelt.

Der erste Teil der vorliegenden Arbeit bestand in einer Untersuchung über die Möglichkeit, in dem Spannungsteiler elektrolytische Widerstände zu verwenden in der Absicht, hohe Widerstände in mäßigen Dimensionen zu erreichen und damit den Meßbereich des Spannungsteilers zu erhöhen. Das heißt mit anderen Worten, eine möglichst hohe Gesamtspannung mit einer möglichst geringen Anzahl von Teilspannungen zu messen. In dem Spannungsteiler der Reichsanstalt war die durch die Erwärmung begrenzte maximale Spannung in jedem Teilwiderstand 3000 Volt. Als Elektrolyt diente bei den vorliegenden Untersuchungen die sogenannte Manganinische Lösung

---

[1]) E. Orlich u. H. Schultze, Arch. f. El. 1., Heft 1 u. 2, 1912.

von Maltby[1]). Die Eigentümlichkeiten dieser Lösung werden später näher beschrieben werden. Jeder Teilwiderstand konnte bis 6000 Volt belastet werden.

Theorie des Spannungsteilers.

Wie schon erwähnt, haben Orlich und Schultze die Theorie dieses Spannnngsteilers aufgestellt, hier sollen nur die Hauptgleichungen wiederholt werden.

Die Elektrolytwiderstände befanden sich in Röhren aus Jenaer Glas von ungefähr 1 m Länge und 1 mm innerem Durchmesser. Bei diesen Dimensionen erreichen wir pro Meter Länge einen Widerstand von rund 24 Millionen Ohm.

Um für die Kapazität gegen Erde und Umgebung wohldefinierte Verhältnisse zu schaffen, wird jeder Teilwiderstand mit einer Metallumhüllung von ca. 10 cm innerem Durchmesser aus Zinkblech versehen, die von dem Rohr gut isoliert ist. Eine solche Konstruktion kann mit einem Kabel verglichen werden, dessen zentraler Leiter einen sehr hohen Widerstand pro Längeneinheit hat. Für ein derartiges Kabel gelten die sogenannten Telegraphen-Gleichungen:

$$-\frac{\partial \mathfrak{V}}{\partial x} = r_1 \mathfrak{J} \quad \ldots \ldots \ldots (1)$$

$$-\frac{\partial \mathfrak{J}}{\partial x} = j\omega k_1 \mathfrak{V} \quad \ldots \ldots \ldots (2)$$

in denen
$$r_1 = r e^{\varepsilon j}$$
$$k_1 = k e^{-\eta j}$$
$$\varepsilon = \varepsilon_1 - \eta_1$$

$r =$ dem Widerstand pro cm Länge des Rohrs.
$k =$ der Kapazität des Rohrs gegen die Umhüllung pro cm Länge des Rohrs.
$\omega = 2\pi c$.
$c =$ der Frequenz.
$\mathfrak{V} =$ dem Spannungsvektor eines Punktes des Widerstands im Abstand x vom Anfang des Rohrs.
$\mathfrak{J} =$ dem Stromvektor für denselben Punkt x des Widerstands.
$\varepsilon_1 =$ der Phasenabweichung, die durch die Selbstinduktion des Rohrs verursacht wird.
$\eta_1 =$ der Phasenabweichung, die durch die Polarisation in der Lösung verursacht wird.

---
[1]) Maltby, Zeitschr. f. Ph. Ch. Bd. 18, S. 133, 1895.

$\eta =$ dem Verlustwinkel, der die Größe der Ableitung und des Energieverlustes im Dielektrikum charakterisiert.

Ehe wir mit der Theorie weitergehen, wollen wir die Größe dieser Koeffizienten angeben. Wie wir die folgenden Werte gefunden haben, werden wir später erwähnen.

$R_1 = 24\,000\,000$ Ohm pro m.
$r = 240\,000$ Ohm pro cm.
$R = 24\,000\,000$ Ohm = Widerstand des ganzen Rohrs, da ein Rohr eine Länge von rund 1 m hat.
$K_1 = 0{,}125 \cdot 10^{-10}$ Farad pro m.
$k = 0{,}00125 \cdot 10^{-10}$ Farad pro cm.
$\varepsilon_1 = 0$ (für einen geraden Leiter).
$\eta_1 = 2'' = (^1/_{1800})^0 = 9{,}7 \cdot 10^{-6}$.
$c = 50$.
$\eta = 2' = (^1/_{30})^0 = 0{,}000\,58$.
$R_1 \omega K_1 = 0{,}094$.
$r \omega k = 0{,}000\,009\,4$.

Es ist klar, daß es genügt:
$$e^{\varepsilon j} = 1 + \varepsilon j$$
und
$$e^{-\eta j} = 1 - \eta j$$
zu setzen.

Sei $\mathfrak{V}_0$ die Spannung am Anfang $(x = 0)$ des Teilwiderstandes gegen den Schutzmantel, $\mathfrak{V}_1$ die Spannung am Ende $(x = l)$ des Widerstandes gegen den Schutzmantel, und $\mathfrak{J}_0$ und $\mathfrak{J}_1$ die zugehörigen Stromstärken, dann ist die Spannung zwischen Anfang und Ende eines Rohres

$$\delta \mathfrak{V} = \mathfrak{V}_0 - \mathfrak{V}_1 \quad \ldots \ldots \ldots \quad (3)$$

und $\delta \mathfrak{V}$ ist gleich dem Spannungsabfall pro Rohr. Wie wir schon in der Einleitung erwähnt haben, müssen wir den Strom am Anfang des ersten Rohres in Phase mit der gesamten Spannung bringen, hierzu ist es nötig, der Umhüllung eine gewisse Spannung zu geben. Um die Größe dieser Spannung festzustellen, setzen wir sie gleich einem Bruchteil P_1 der Gesamtspannung $\delta \mathfrak{V}$, dann wird:

$$\mathfrak{V}_0 = P_1 \delta \mathfrak{V} = P_1 (\mathfrak{V}_0 - \mathfrak{V}_1) \quad \ldots \ldots \quad (4)$$

Da die Versuchsanordnung so getroffen ist, daß $\delta \mathfrak{V}$ und $\mathfrak{V}_0$ fast in gleicher Phase sind, kann man setzen:

$$P_1 = P(1 + \mu j)$$

in welcher Gleichung μ eine sehr kleine Größe bedeutet.

Es gibt nun zwei Möglichkeiten, entweder können wir die

Schutzmäntel untereinander verbinden und auf diese die gleiche Spannung legen, d. h. mit ungeteilten Schutzmänteln arbeiten, oder auf jedem Schutzmantel eine andere Spannung anlegen, d. h. mit geteilten Schutzmänteln arbeiten.

Mit ungeteilten Schutzmänteln.

Orlich und Schultze haben gefunden, daß die Phasenverschiebung zwischen dem Strom $\mathfrak{J}_0$ am Anfang des Teilwiderstandes und der Gesamtspannung $\delta\mathfrak{V}$ ist

$$\sphericalangle(\delta\mathfrak{V}, \mathfrak{J}_0) = + \left(\frac{1}{6} - \frac{P}{2}\right) R_1 \omega K_1 \quad \ldots \quad (5)$$

und zwar liegt der Strom $\mathfrak{J}_0$ hinter der Spannung $\delta\mathfrak{V}$, wie in der Einleitung erwähnt war.

Nun wird das Verhältnis:

$$\frac{\delta V}{I_0 R} = 1 + \frac{\mu P}{2} R_1 \omega K_1 + \left(\frac{1}{180} + \frac{P}{24} - \frac{P^2}{8}\right) R_1{}^2 \omega^2 K_1{}^2 . \quad (6)$$

Aus Gl. 5 geht hervor, daß die Phasenverschiebung zwischen $\delta\mathfrak{V}$ und $\mathfrak{J}_0$ bei ungeteilten Schutzmänteln ganz unabhängig von der Größe des Widerstands oder der Kapazität ist, und um diese Phasenverschiebung gleich Null zu machen brauchen wir nur

$$P = \tfrac{1}{3}$$

zu wählen.

Mit geteilten Schutzmänteln.

Die Messung von Hochspannung mit ungeteilten Schutzmänteln stößt auf Schwierigkeiten, weil bei der großen Spannung, die dabei besteht, die Stillentladung eine Rolle spielt und Überschläge zwischen Rohr und Umhüllung leicht vorkommen können. Infolgedessen ist es bei höhern Spannungen nöti, die Spannung der Schutzmäntel zu teilen und an jeden eine andere Spannung zu legen. Haben wir n Rohre, dann bezeichnen wir mit $\delta\mathfrak{V}_1, \delta\mathfrak{V}_2 \ldots \delta\mathfrak{V}_n$ den Spannungsabfall des zugehörigen Rohres. Dann wird $\delta\mathfrak{V}$ die Gesamtspannung:

$$\delta\mathfrak{V} = \delta\mathfrak{V}_1 + \delta\mathfrak{V}_2 + \ldots + \delta\mathfrak{V}_n \quad \ldots \quad (7)$$

Der Strom am Anfang des Rohres 1 sei $\mathfrak{J}_0$, am Ende $\mathfrak{J}_1$
„ „ „ „ „ „ 2 „ $\mathfrak{J}_1$, „ „ $\mathfrak{J}_2$
. . . .
„ „ „ „ „ „ n „ $\mathfrak{J}_{n-1}$, „ „ $\mathfrak{J}_n$

Die Spannung zwischen Anfang eines Rohres und seiner Umhüllung nennen wir:

$$P_1 \delta\mathfrak{V}_1, \quad P_2 \delta\mathfrak{V}_2, \quad \ldots, \quad P_{n-1} \delta\mathfrak{V}_{n-1}, \quad P_n \delta\mathfrak{V}_n.$$

Der Spannungsteiler.

Nach Orlich und Schultze haben wir für das Verhältnis

$$\frac{I_1}{I_0} = 1 + \mu P R_1 \omega K_1 + \left(\frac{1}{12} - \frac{P}{6}\right) R_1{}^2 \omega^2 K_1{}^2 \quad \ldots \text{(8)}$$

und für die Phasenverschiebung ohne großen Fehler:

$$\sphericalangle(\mathfrak{J}_1, \mathfrak{J}_0) = +\left(\frac{1}{2} - P\right) R_1 \omega K_1 \quad \ldots \ldots \text{(9)}$$

Es war $\sphericalangle(\delta\mathfrak{V}_1, \mathfrak{J}_0) = +\left(\frac{1}{6} - \frac{P}{2}\right) R_1 \omega K_1, \quad \ldots \ldots \text{(5)}$

hieraus ergibt sich

$$\sphericalangle(\delta\mathfrak{V}_1, \mathfrak{J}_1) = -\left(\frac{1}{3} - \frac{P}{2}\right) R_1 \omega K_1 \quad \ldots \ldots \text{(10)}$$

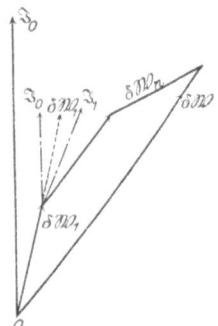

Fig. 2.

Diese Phasenverschiebungen sind in Fig. 2 dargestellt.

Nun müssen wir noch die Phasenverschiebung zwischen dem Strom am Anfang $\mathfrak{J}_0$ und der Gesamtspannung $\delta\mathfrak{V}$, außerdem noch das Verhältnis $\dfrac{\delta V}{I_0 R}$ berechnen. Um dies zu tun, nehmen wir an, daß

$$I_0 = I_1$$

ist.

Dies können wir tun, wenn wir $P = \frac{1}{2}$ machen und in Gl. 8 einsetzen,

$$\frac{I_1}{I_0} = 1 + \frac{1}{2} \mu R_1 \omega K_1.$$

Hierbei ist μ eine sehr kleine Größe.

Dann werden

$$\delta\mathfrak{V}_1 = \delta\mathfrak{V}_2 = \ldots = \delta\mathfrak{V}_{n-1} = \delta\mathfrak{V}_n \quad \ldots \ldots \text{(11)}$$

Wir wählen $P_1 = P_n$ und

$$P_2 = P_3 = \ldots = P_{n-1}$$

und setzen

$$y = R_1 \omega K_1$$

Es war

$$\frac{\delta\mathfrak{V}_1}{\mathfrak{J}_0 R} = 1 + \frac{\mu P_1}{2} y - \left(\frac{1}{120} - \frac{P_1}{8} + \frac{P_1{}^2}{4}\right) y^2 + j\left(\frac{1}{6} - \frac{P_1}{2}\right) y \quad \text{(12)}$$

und bei $P_1 = P_n$ wird auch

$$\frac{\delta\mathfrak{V}_n}{\mathfrak{J}_{n-1} R} = \frac{\delta\mathfrak{V}_1}{\mathfrak{J}_0 R} \quad \ldots \ldots \ldots \text{(13)}$$

Für $\quad P_2 = P_3 = \ldots = P_{n-1}$

$$\frac{\delta \mathfrak{V}_2}{\mathfrak{I}_1 R} = \frac{\delta \mathfrak{V}_3}{\mathfrak{I}_2 R} = \ldots = \frac{\delta \mathfrak{V}_{n-1}}{\mathfrak{I}_{n-2} R} = 1 + \frac{\mu P_2}{2} y - \left(\frac{1}{120} - \frac{P_2}{8} + \frac{P_2^2}{4}\right) y^2$$
$$+ j\left(\frac{1}{6} - \frac{P_2}{2}\right) y \ldots \quad (14)$$

In dem Spannungsteiler der Reichsanstalt war $R_1 \omega K_1$ kleiner als bei unserer Ausführung, Orlich und Schultze konnten daher bei ihren Berechnungen die Glieder, in welchen $R_1^2 \omega^2 K_1^2$ vorkamen, vernachlässigen, wir wollen jedoch die Quadratglieder noch berücksichtigen.

Wir tun dies, indem wir die Abkürzungen einführen:

$$\left.\begin{array}{ll} e_1 = \left(\dfrac{1}{120} - \dfrac{P_1}{8} + \dfrac{P_1^2}{4}\right) & \text{und} \quad a_1 = \left(\dfrac{1}{6} - \dfrac{P_1}{2}\right) \\[2mm] e_2 = \left(\dfrac{1}{120} - \dfrac{P_2}{8} + \dfrac{P_2^2}{4}\right) & \phantom{\text{und}} \quad a_2 = \left(\dfrac{1}{6} - \dfrac{P_2}{2}\right) \end{array}\right\} \quad (15)$$

Wir haben auch:

$$\frac{\mathfrak{I}_1}{\mathfrak{I}_0} = \frac{\mathfrak{I}_n}{\mathfrak{I}_{n-1}} = 1 + \mu P_1 y - \left(\frac{1}{24} - \frac{P_1}{3} + \frac{P_1^2}{2}\right) y^2 + j\left(\frac{1}{2} - P_1\right) y \quad (16)$$

und

$$\frac{\mathfrak{I}_2}{\mathfrak{I}_1} = \frac{\mathfrak{I}_3}{\mathfrak{I}_2} = \ldots = \frac{\mathfrak{I}_{n-1}}{\mathfrak{I}_{n-2}} = 1 + \mu P_2 y - \left(\frac{1}{24} - \frac{P_2}{3} + \frac{P_2^2}{2}\right) y^2$$
$$+ j\left(\frac{1}{2} - P_2\right) y \ldots \ldots \quad (17)$$

In Gl. 16 und 17 sei bezeichnet

$$\left.\begin{array}{ll} f_1 = \left(\dfrac{1}{24} - \dfrac{P_1}{3} + \dfrac{P_1^2}{2}\right) & \text{und} \quad b_1 = \left(\dfrac{1}{2} - P_1\right) \\[2mm] f_2 = \left(\dfrac{1}{24} - \dfrac{P_2}{3} + \dfrac{P_2^2}{2}\right) & \phantom{\text{und}} \quad b_2 = \left(\dfrac{1}{2} - P_2\right) \end{array}\right\} \quad (18)$$

Aus Gl. 12 finden wir

$$\frac{\partial V_1}{I_0 R} = \frac{\partial V_n}{I_{n-1} R} = 1 + \frac{\mu P_1}{2} y - \left(e_1 - \frac{a_1^2}{2}\right) y^2 \ldots \quad (19)$$

und aus Gl. 14

$$\frac{\partial V_2}{I_1 R} = \frac{\partial V_3}{I_2 R} = \ldots = \frac{\partial V_{n-1}}{I_{n-2} R} = 1 + \frac{\mu P_2}{2} y - \left(e_2 - \frac{a_2^2}{2}\right) y^2 \ldots \quad (20)$$

und in ähnlicher Weise aus Gl. 16 und 17

$$\frac{I_1}{I_0} = \frac{I_n}{I_{n-1}} = 1 + \mu P_1 y - \left(f_1 - \frac{b_1^2}{2}\right) y^2 \ldots \quad (21)$$

und
$$\frac{I_2}{I_1} = \frac{I_3}{I_2} = \ldots = \frac{I_{n-1}}{I_{n-2}} = 1 + \mu P_2 y - \left(f_2 - \frac{b_2^2}{2}\right) y^2 \quad . \tag{22}$$

Wir setzen weiter zur Abkürzung

$$\left.\begin{array}{ll} l_1 = \left(e_1 - \dfrac{a_1^2}{2}\right) & m_1 = \left(f_1 - \dfrac{b_1^2}{2}\right) \\ l_2 = \left(e_2 - \dfrac{a_2^2}{2}\right) & m_2 = \left(f_2 - \dfrac{b_2^2}{2}\right) \end{array}\right\} \quad \ldots \tag{23}$$

Wir wissen, daß die Gesamtspannung gleich der Summe der Teilspannungen ist, d. h.

$$\delta\mathfrak{V} = \delta\mathfrak{V}_1 + \delta\mathfrak{V}_2 + \ldots + \delta\mathfrak{V}_n$$

und wollen das Verhältnis $\dfrac{\delta V}{I_0 R}$ finden.

Um dies zu erreichen, müssen wir die einzelnen Verhältnisse:

$$\frac{\delta\mathfrak{V}_1}{\mathfrak{I}_0 R}, \frac{\delta\mathfrak{V}_2}{\mathfrak{I}_0 R}, \ldots, \frac{\delta\mathfrak{V}_n}{\mathfrak{I}_0 R}$$

bestimmen.

Aus Gl. 21 erhalten wir, nachdem wir die Abkürzung eingesetzt haben:

$$I_1 = I_0 [1 + \mu P_1 y - m_1 y^2] \quad \ldots \ldots \tag{24}$$

Aus Gl. 22 erhalten wir

$$I_2 = I_1 [1 + \mu P_2 y - m_2 y^2] \quad \ldots \ldots \tag{25}$$

Wir setzen den Wert von I_1 in Gl. 25 und es ergibt sich:

$$I_2 = I_0 [1 + \mu P_2 y - m_2 y^2][1 + \mu P_1 y - m_1 y^2] \quad . . \tag{26}$$

bzw.

$$I_2 = I_0 [1 + (\mu P_1 + \mu P_2) y - (m_1 + m_2) y^2] \quad \ldots \tag{27}$$

Wir vernachlässigen hierbei die Glieder, in denen μ^2, y^3 und y^4 enthalten sind.

Auf ähnliche Weise erhalten wir:

$$I_3 = I_0 [1 + (\mu P_1 + 2\mu P_2) y - (m_1 + 2 m_2) y^2] \quad . . \tag{28}$$

$$I_{n-1} = I_0 \{1 + [\mu P_1 + (n-2)\mu P_2] y - [m_1 + (n-2) m_1] y^2\} . \tag{29}$$

Jetzt setzen wir die Werte für I_0, I_1 usw. in die Gl. 19 und 20 ein und erhalten

$$\frac{\partial V_1}{I_0 R} = 1 + \frac{\mu P_1}{2} y - l_1 y^2 \quad \ldots \ldots \tag{30}$$

$$\frac{\partial V_2}{I_0 R} = 1 + \left(\frac{\mu P_2}{2} + \mu P_1\right) y - (l_2 + m_1) y^2 \quad \ldots \tag{31}$$

$$\frac{\partial V_3}{I_0 R} = 1 + \left(\frac{\mu P_2}{2} + \mu P_1 + \mu P_2\right)y - (l_2 + m_1 + m_2)y^2 \quad . \quad (32)$$

$$\frac{\partial V_4}{I_0 R} = 1 + \left(\frac{\mu P_2}{2} + \mu P_1 + 2\mu P_2\right)y - (l_2 + m_1 + 2m_2)y^2 \quad (33)$$

$$\cdots\cdots\cdots\cdots\cdots\cdots\cdots\cdots\cdots\cdots\cdots\cdots\cdots\cdots\cdots$$

$$\frac{\partial V_{n-1}}{I_0 R} = 1 + \left[\frac{\mu P_2}{2} + \mu P_1 + (n-3)\mu P_2\right]y$$
$$- [l_2 + m_1 + (n-3)m_2]y^2 \quad \cdots \quad (34)$$

$$\frac{\partial V_n}{I_0 R} = 1 + \left[\frac{\mu P_1}{2} + \mu P_1 + (n-2)\mu P_2\right]y$$
$$- [l_1 + m_1 + (n-2)m_2]y^2 \quad \cdots \quad (35)$$

Nun setzen wir die Werte für l_1, l_2, m_1 und m_2 ein, schreiben die Gleichungen wieder in der symbolischen Form und addieren die Gl. 30 bis 35.

Es wird dann

$$\frac{d\mathfrak{V}}{\mathfrak{I}_0 R} = \left\{ n + \left[(n-1)\mu P_1 + \frac{2\mu P_1}{2} + (n-2)\frac{\mu P_2}{2} + \frac{(n-2)(n-1)}{2}\mu P_2\right]y \right.$$
$$- \left[2e_1 + (n-1)f_1 + (n-2)e_2 + \frac{(n-2)(n-1)}{2}f_2\right]y^2$$
$$\left. + j\left[2a_1 + (n-1)b_1 + (n-2)a_2 + \frac{(n-2)(n-1)}{2}b_2\right]y \right\} \quad (36)$$

Wir setzen noch die Werte für die Abkürzungen ein und erhalten endlich:

$$\frac{d\mathfrak{V}}{\mathfrak{I}_0 R} = n\left\{1 + \left[\mu P_1 - \mu P_2 + \frac{n\mu P_2}{2}\right]R_1\omega K_1 - R_1^2\omega^2 K_1^2\right.$$
$$\left[\frac{P_1}{12n} - \frac{P_2}{12n} - \frac{1}{80} - \frac{P_1}{3} + \frac{P_1^2}{2} + \frac{3P_2}{8} - \frac{P_2^2}{2} + \frac{n}{48} - \frac{nP_2}{6} + \frac{nP_2^2}{4}\right]$$
$$\left. + j\cdot\frac{1}{2}\left[\frac{n}{2} - \frac{1}{6} - 2P_1 - (n-2)P_2\right]R_1\omega K_1\right\} \quad \cdots \quad (37)$$

Der Winkel[1]) zwischen $d\mathfrak{V}$ und $\mathfrak{I}_0$ ist:

$$\measuredangle(d\mathfrak{V}, \mathfrak{I}_0) = +\frac{1}{2}\left[\frac{n}{2} - \frac{1}{6} - 2P_1 - (n-2)P_2\right]R_1\omega K_1 \quad . \quad (38)$$

Um den Strom am Anfang des Widerstands in Phase mit der Gesamtspannung zu bringen, müssen wir

---

[1]) Die Größe dieses Winkels stimmt ganz genau mit der Größe des Winkels überein, den Orlich und Schultze auf einem andern Weg gefunden haben. Siehe Archiv f. Elektr. 1, S. 9. 12.

Der Spannungsteiler.

und
$$P_1 = P_n = {}^5/_{12}$$
$$P_2 = P_3 = \ldots = P_{n-1} = {}^1/_2$$

machen. Dann wird der Winkel $= 0^{0\,1}$), der Strom am Anfang des Teilwiderstands R_1 kommt in Phase mit der Gesamtspannung, so daß der erste Teil unserer Aufgabe gelöst ist.

Aus Gl. 37 finden wir das gesuchte Verhältnis:

$$\frac{\partial V}{I_0 \cdot R \cdot n} = 1 + \left\{\mu P_1 - \mu P_2 + \frac{n\mu P_2}{2}\right\} R_1 \omega K_1 + \frac{1}{2}\left\{n^2\left(\frac{1}{16} - \frac{P_2}{4} + \frac{P_2{}^2}{4}\right)\right.$$
$$+ n\left(\frac{11}{12}P_2 - \frac{1}{12} - \frac{3}{2}P_2{}^2 - \frac{P_1}{2} + P_1 P_2\right) + \frac{1}{n}\left(\frac{P_2}{6} - \frac{P_1}{6}\right)$$
$$\left. + \frac{5}{6}P_1 - \frac{11}{12}P_2 + 2P_2{}^2 - 2P_1 P_2 + \frac{3}{16}\right\} R_1{}^2 \omega^2 K_1{}^2 \quad \ldots (39)$$

Die μ sind einander nicht ganz gleich, aber es genügt hier, den Mittelwert zu nehmen. Gleichzeitig setzen wir die Werte von P_1 und P_2 in das dritte Glied ein und bekommen für Gl. 39 die folgende:

$$\frac{\partial V}{I_0 \cdot R \cdot n} = 1 + \left\{P_1 - P_2 + \frac{nP_2}{2}\right\} \mu R_1 \omega K_1$$
$$+ \frac{1}{2}\left(\frac{1}{72n} + \frac{23}{144}\right) R_1{}^2 \omega^2 K_1{}^2 \quad \ldots \ldots (40)$$

Soll das erste Korrektionsglied unter $^1/_{1000}$ bleiben, so muß sein:

$$\mu < \left[\frac{\frac{1}{1000}}{\left(P_1 - P_2 + \frac{nP_2}{2}\right) R_1 \omega K_1} \cdot 57{,}295\right]^0$$

also

für $n = 2$ $\quad \mu < 1{,}46^0$
,, $n = 3$ $\quad \mu < 0{,}92^0$
,, $n = 4$ $\quad \mu < 0{,}67^0$
,, $n = 8$ $\quad \mu < 0{,}318^0$

Für das zweite Korrektionsglied finden wir:

für $n = 2$ $\quad \dfrac{1}{12} R_1{}^2 \omega^2 K_1{}^2 = 0{,}000\,733$

,, $n = 3$ $\quad \dfrac{71}{864} R_1{}^2 \omega^2 K_1{}^2 = 0{,}000\,723$

---

[1]) Hierbei wird die kleine Korrektion ε, die wir schon vernachlässigt haben, wieder nicht berücksichtigt.

für $n=4$ $\quad \dfrac{47}{576} R_1{}^2 \omega^2 K_1{}^2 = 0{,}000\,718$

„ $n=\infty$ $\quad \dfrac{23}{288} R_1{}^2 \omega^2 K_1{}^2 = 0{,}000\,703$

Es ist klar, daß wir das zweite Korrektionsglied ohne großen Fehler vernachlässigen können, es genügt dann zu setzen:

$$\frac{\partial V}{I_0 \cdot R \cdot n} = 1.$$

Die Teilwiderstände.

Alle Meßinstrumente und Meßvorrichtungen sollten einen möglichst geringen Energieverbrauch haben, besonders Instrumente und Vorrichtungen für Hochspannung. Für die Wahl des Materials für einen Vorschaltwiderstand für Hochspannungszwecke sind im allgemeinen maßgebend ein geringer Einfluß der Temperatur, eine geringe Leitfähigkeit und die Haltbarkeit. Für gewöhnliche Zwecke sind Drahtwiderstände am geeignetsten; wenn man jedoch einen sehr großen Widerstand erreichen und die Dimensionen möglichst klein halten will, bietet die Anwendung von Elektrolyten Vorteile.

Wenn man eine Flüssigkeit als Widerstand verwendet und einen geringen Einfluß der Temperatur erreichen will, dann muß man die $^2/_3$ normale Mannit-Borsäure-Chlorkalium-Lösung, die sogenannte Manganinische[1]) Lösung, wählen. Die Lösung wurde von E. Maltby[2]) untersucht, sie besitzt die ersten beiden der oben erwähnten Eigenschaften eines Materials für Widerstandszwecke. Die Lösung hat eine Leitfähigkeit von rund 0,001 und nach Maltby die folgende Zusammensetzung:

Mannit . . . . 121,10 g pro Liter
Borsäure . . . . 41,20 „ „ „
Chlorkalium . . . . 0,06 „ „ „

Ehe wir die Lösung als Widerstand für Hochspannungsmessungen verwenden konnten, war es nötig, die verschiedenen Eigentümlichkeiten derselben zu untersuchen, um festzustellen, ob die Lösung die drei schon erwähnten maßgebenden Eigenschaften besitzt. Ferner mußten wir alle Fehlerquellen, die aus dem Gebrauch der Lösung entstehen konnten, untersuchen, da nur durch die Kenntnis derselben beurteilt werden konnte, ob sie die Resultate

---

[1]) Mangani, Zeitschr. f. Ph. Ch. 6, S. 59, 1890; Nernst, Zeitschr. f. Ph. Ch. 14, S. 622, 1894.
[2]) Maltby, Zeitschr. f. Ph. Ch. 18, S. 133, 1895.

beeinflussen würden. Es war auch nötig eine geeignete Form für die Röhren und die Elektroden zu finden. Nun wollen wir den Einfluß der Temperatur auf den Widerstand, die Form der Behälter, die Haltbarkeit der Lösung und endlich die Fehlerquellen besprechen.

Für die Versuche wurden die Substanzen von E. Merck in Darmstadt bezogen, und zwar waren sie chemisch rein und in kristallisierter Form. Das Wasser wurde in einer Einrichtung aus Jena-Glas redestilliert. Die Leitfähigkeit des Wassers war ungefähr $1 \cdot 10^{-6}$.

Der Einfluß der Temperatur.

Die Lösung besitzt in gewissen Grenzen fast den Temperaturkoeffizienten Null. Durch einen Zufall[1]) hat es sich herausgestellt, daß es möglich ist, diese Temperaturgrenzen durch verschiedene Zusätze[2]) von Chlorkalium zu ändern.

Um den Widerstand der Lösung bei verschiedenen Temperaturen zu messen, wurde ein Teil der Lösung in ein Widerstandsgefäß gebracht. Ein Thermometer wurde in dem Gefäß möglichst nahe bei den Elektroden angebracht. Hierauf wurde das Widerstandsgefäß in ein großes mit Wasser gefülltes Becherglas eingehängt. Ungefähr 48 Stunden nach der Füllung des Gefäßes wurden die Untersuchungen begonnen, nachdem die Temperatur der Lösung auf ungefähr 4^0 C gebracht war. Das große Becherglas wurde sehr langsam erwärmt und der Widerstand bei steigender Temperatur der Lösung in der üblichen Weise gemessen.

Diese Untersuchungen wurden mit drei Lösungen mit verschiedenen Zusätzen von Chlorkalium 0,04, 0,06 und 0,08 g pro Liter gemacht, die zugehörigen Kurven sind in Fig. 3 dargestellt. Diese Kurven zeigen die Abhängigkeit des Widerstandes der Lösung von der Temperatur. In der Figur sind die Kurven 1, 2 und 3 für die Lösungen mit 0,04, 0,06 resp. 0,08 g Chlorkalium pro Liter aufgezeichnet. Aus der Figur sehen wir, daß für die Lösung mit 0,04 g Chlorkalium zwischen $13,5^0$ und $22,5^0$ C die Änderung des Widerstandes gleich 1 Ohm ist; für die Lösung mit 0,06 g Chlorkalium zwischen 17^0 und 27^0 ist die Änderung ebenfalls 1 Ohm, und für

---

[1]) Durch einen Irrtum wurde Kaliumchlorat anstatt Chlorkalium in einer Lösung verwendet, es hat sich hierbei ergeben, daß auch diese Lösung, allerdings in anderen Temperaturgrenzen, einen konstanten Widerstand besitzt. Hierdurch veranlaßt wurde die Wirkung des Zusatzes von verschiedenen Mengen von Chlorkalium untersucht.

[2]) Schmidt und Schering, Archiv f. Elek. 1, S. 423, 1912—1913.

die Lösung von 0,08 g zwischen 20,5° und 32° auch 1 Ohm. Da in unserem Falle die Temperaturen, wie Versuche zeigten, zwischen 17° und 26°, meistens zwischen 18° und 24° schwanken, haben wir die Lösung mit 0,06 g gewählt, da in diesen Grenzen die Änderung des Widerstandes am geringsten ist, nämlich:

bei 18,0° ist der Widerstand 318,1 Ohm
„ 21,5° „ „ „ 317,7 „
und „ 24,0° „ „ „ 317,9 „

Die Änderung des Widerstandes ist 0,4 Ohm oder $^1/_8$ %.

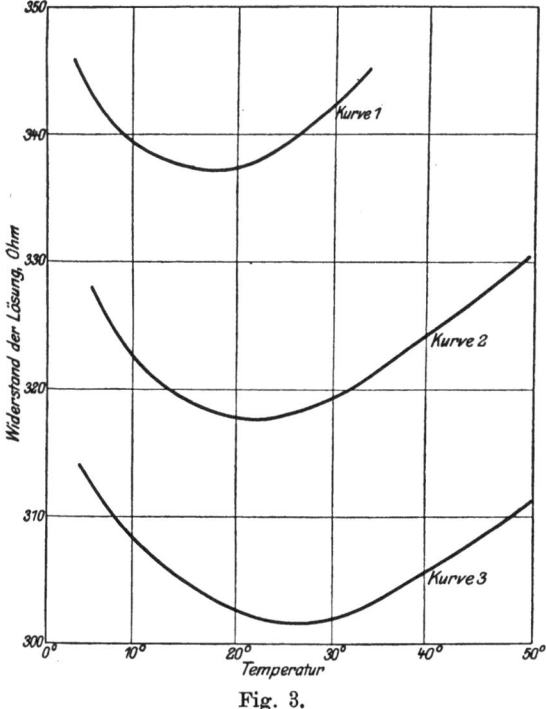

Fig. 3.

Mit der Lösung mit 0,06 g Chlorkalium pro Liter war die Leitfähigkeit zu groß für unsern Zweck; um diese Lösung verwenden zu können, wäre eine Glasröhre von außerordentlich kleinem Durchmesser nötig, um genügenden Widerstand pro Röhre zu erreichen, deshalb wurde die Lösung verdünnt und drei verschieden verdünnte Lösungen auf Widerstand und Temperatur weiter untersucht, die erste verdünnte Lösung nennen wir „die I in II Lösung", dieselbe enthält einen Teil der $^2/_3$ Manganinischen Lösung und einen Teil Wasser. Die zweite nennen wir „die I in III Lösung", sie enthält einen Teil der normalen Lösung und zwei Teile Wasser. Die dritte Lösung enthält einen Teil der normalen Lösung und drei Teile Wasser und ist die „I in IV Lösung" genannt. Wir

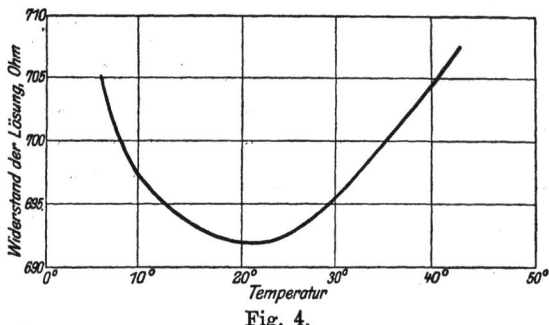

Fig. 4.

haben den Widerstand der Lösungen bei verschiedenen Temperaturen gemessen, die Resultate sind in den Kurven in Fig. 4, 5 und 6 gegeben. Wie die Kurve in Fig. 6 zeigt, hat „die I in IV Lösung"

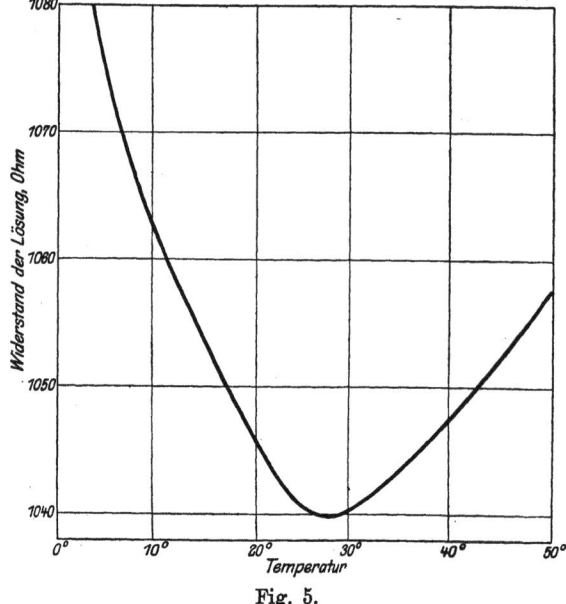

Fig. 5.

alle Eigentümlichkeiten einer Lösung ohne Temperaturkoeffizienten verloren und ist ganz unbrauchbar für unsere Zwecke.

„Die I in III Lösung", Fig. 5, besitzt noch dieselbe Form der Kurve wie die ursprüngliche Lösung, aber das Minimum ist nach rechts etwas verschoben, dieselbe ist also für unsere Zwecke auch nicht günstig. Die Änderung des Widerstandes der „I in II Lösung" zwischen 18° und 24° beträgt nur 0,8 Ohm oder eine Änderung von 0,115%, die Form der Kurve (Fig. 4) ist also sehr

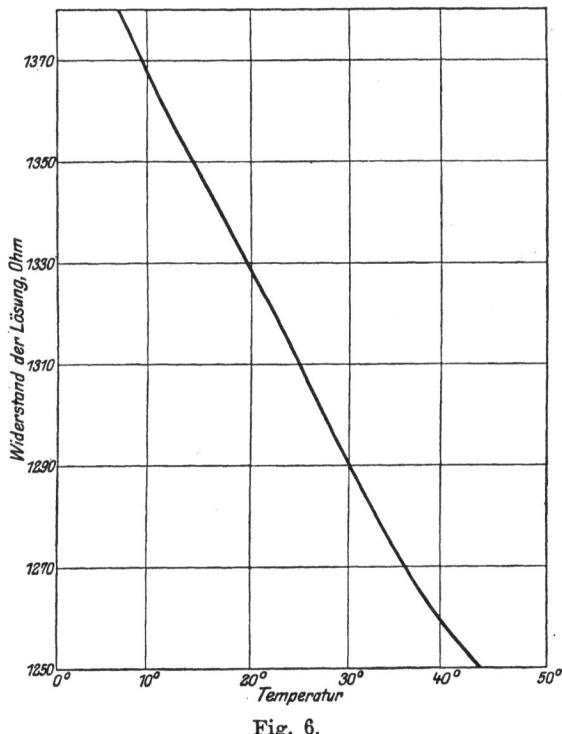

Fig. 6.

günstig. Außerdem hat die „I in II Lösung" eine Leitfähigkeit von rund 0,00044, die für unsere Zwecke genügend klein ist. Deshalb haben wir die „I in II Lösung", d. h. einen Teil der $^2/_3$ normalen Manganinischen Lösung und einen Teil Wasser, als Flüssigkeitswiderstandsmaterial für die Teilwiderstände verwendet.

Der Behälter für die Lösung.

Zunächst war es nötig, einen geeigneten Behälter für die Lösung zu finden. Für das Material des Behälters kann man Glas oder Quarz wählen, wegen des hohen Preises des letzteren wurde Glas gewählt.

Nicht nur aus allgemeinen Gründen sollte man, wie schon erwähnt, den Energieverbrauch in dem Apparat möglichst klein halten, sondern auch wegen der Erwärmung. Der Widerstand der Lösung kann als konstant nur in engen Temperaturgrenzen angesehen werden, deshalb muß der Energieverlust in der Lösung nach Möglichkeit reduziert werden. Die Erwärmung der Lösung hängt erstens von der Jouleschen Wärmemenge, d. h. dem i^2r-Verluste in der Lösung, zweitens von den Dimensionen des Apparats und drittens von der Abkühlung von außen her ab. Will man z. B. eine gewisse Spannung auf eine Röhre bringen, dann bleibt nur ein Weg offen, die Wärmemenge zu verkleinern, nämlich die Vergrößerung des Widerstandes. Im allgemeinen ist bei einer gegebenenen Spannung die Joulesche Wärme umgekehrt proportional dem Widerstand, d. h. je größer der Widerstand ist, desto kleiner wird der i^2r-Verlust bei einer konstanten Spannung. In unserem Falle gibt es noch einen Grund eine kleinere Stromstärke zu wählen, nämlich die Polarisation. Um die Wirkung der Polarisation klein zu halten, darf die Stromstärke nicht weit über 2 Milliampere pro Quadratzentimeter[1]) der Elektrodenoberfläche gehen. Aber wegen der Kapazitätsströme, die nach dem Quadrant-Elektrometer fließen, darf man den Strom im Widerstand nicht unter gewisse Grenzen bringen. In unserem Falle wurden die Kapazitätsströme gleich $0{,}88 \cdot 10^{-4}$ Ampere[2]) festgestellt. Ist außerdem der Strom im Widerstand sehr schwach, so braucht man anstatt eines kleinen, einen unbequem hohen Vorschaltwiderstand um genügende Spannung für einen brauchbaren Ausschlag des Quadrant-Elektrometers zu erhalten.

Wir haben die ersten Versuche mit Röhren von durchaus demselben inneren Durchmesser gemacht. Eine solche Röhre, z. B. von 100 cm Länge und 0,5 cm innerem Durchmesser, hat, wenn mit der „I in II Lösung" gefüllt, einen Widerstand:

$$R = \frac{l}{q\lambda} = \frac{100}{0{,}196 \cdot 4{,}4} \cdot 10^4 = 1\,120\,000 \text{ Ohm.}$$

Sei die angelegte Spannung gleich 6000 Volt, dann wird die Stromstärke gleich 5,4 Milliampere und der Wärmeeffekt 32,4 Watt. Dies ist viel zu groß und die Lösung wird zu warm werden. In einer solchen Röhre von 0,5 cm innerem Durchmesser ist es möglich, eine Elektrode von rund 0,4 cm Durchmesser, d. h. 0,126 Quadratzentimeter Oberfläche, zu verwenden, und die Elektroden-Stromdichte wird gleich 43 Milliampere, ein Wert, der ganz unzulässig ist.

---

[1]) S. 27 der Arbeit.
[2]) S. 28 der Arbeit.

Da wir erreichen wollten, daß jeder einzelne Teilwiderstand fähig ist, einen Spannungsabfall von mindestens 5000 Volt auszuhalten, ohne daß die Temperatur die schon erwähnte Grenze überschreitet, war es notwendig, Röhren mit einem kleinen inneren Durchmesser zu verwenden. Um für die Elektroden genügend Raum zu schaffen, mußte die Röhre an jedem Ende eine Erweiterung erhalten. Nach zahlreichen Versuchen zeigte sich das in Fig. 7 dargestellte Rohr als das für unsere Zwecke geeignetste.

Fig. 7.

Es wurden zuerst Röhren aus gewöhnlichem Glas verwendet, es hat sich jedoch ergeben, daß bei diesen der Widerstand sich ändert, und zwar immer kleiner wird. Hierauf haben wir Röhren aus Jena-Glas benutzt, die sich viel besser bewährt haben, ein ganz geringes Steigen und Sinken[1]) der Widerstände ist jedoch nicht ganz vermieden worden, wie Tabelle 1 zeigt:

Tabelle 1.

Zeitabstand nach Füllung des Rohres	Widerstand der Lösung in	
	einem gewöhnlichen Glasrohr	einem Rohr aus Jena-Glas
24 Std.	100,00	100,00
48 „	99,70	100,10
72 „	99,05	100,20
96 „	98,56	100,27

In Tabelle 1 ist die Veränderung des Widerstandes der Lösung in zwei Röhren, die eine aus gewöhnlichem Glas und die andere aus Jena-Glas gegeben. Der Widerstand wurde 24 Stunden nach Füllung einer Röhre gemessen, sein Wert ist in der Tabelle mit 100 bezeichnet. Der Widerstand wurde in Zeitabschnitten von 24 Stunden gemessen. Man sollte die Messungen nicht früher als 24 Stunden nach der Füllung ausführen[2]), da es mindestens so lange dauert, bis die Elektroden einen konstanten Zustand erreichen. Bei Jena-Glas ist die Veränderung der Widerstände kaum 1 Promille pro Tag. Während der Untersuchungen, die 6 bis 7 Stunden angedauert haben, war eine Änderung in den Widerständen nicht zu bemerken.

Es ist eine bekannte Tatsache, daß Glas eine sehr geringe

---

[1]) Siehe Tabelle 5, S. 23 der vorliegenden Arbeit.
[2]) Max Wien, Zeitschr. f. Ph. Ch. 58, S. 43, 1896.

Wärmeleitfähigkeit besitzt, die Wärmeabgabe durch eine dickwandige Röhre ist gering. Wir haben darum auch Versuche mit ganz dünnwandigen Röhren gemacht, um die Wärmeabgabe zu steigern, es hat sich jedoch ergeben, daß hierdurch nur eine geringe Steigerung erzielt wird, außerdem haben die dünnwandigen Röhren den Nachteil, daß sie sehr zerbrechlich sind, so daß wir von der Benutzung derselben abgesehen haben. Es wurden auch Untersuchungen mit natürlicher und künstlicher Abkühlung gemacht. Die Röhre wurde mit einer Metallröhre von 3 cm innerem Durchmesser umgeben und vertikal aufgestellt. In dieser Stellung drückt die warme Luft, sobald die Röhre sich durch die Joulesche Wärmeentwicklung erhitzt, nach oben, so daß sich ein natürlicher Luftabzug in der Umhüllung bildet. Die künstliche Abkühlung wurde in der Weise vorgenommen, daß Luft von Zimmertemperatur durch die Umhüllung geblasen wurde.

Die Resultate sind in Tabelle 2 angegeben.

Tabelle 2.

Zeitabstand nach Einschaltung		1. Ohne künstliche Abkühl.			2. Mit künstlicher Abkühl.		
Std.	Min.	Wid. der Lösung im Rohr	Temp. der Lösung innerhalb Rohr.	Temp. durch Therm. angezeigt	Wid. der Lösung im Rohr	Temp. der Lösung innerhalb Rohr	Temp. durch Therm. angezeigt
0	0	100,0	18,2°	18,2°	100,0	18,0°	18,0°
—	1	101,5	36,0°	—	100,5	28,5°	—
—	2	102,7	42,5°	—	101,1	33,7°	—
—	3	103,2	45,0°	—	101,7	36,8°	—
—	4	103,3	45,5°	—	101,8	38,0°	—
—	5	103,6	47,2°	28,8°	102,0	40,0°	21,8°
—	15	—	—	—	102,3	41,4°	22,6°
—	30	104,0	49,0°	32,8°	102,5	41,8°	22,8°
—	45	104,0	49,0°	33,6°	102,4	41,6°	—
1	00	103,8	48,0°	33,8°	102,5	41,8°	23,0°
1	30	103,9	48,5°	34,0°	102,6	42,0°	23,2°
2	00	104,0	49,0°	34,5°	102,4	41,6°	23,2°

Bei beiden Versuchen waren die Röhren überlastet; die angelegte Spannung war konstant gleich 6000 Volt, der Widerstand rund 7 Millionen Ohm, die Stromstärke 0,86 Milliampere und der Wärmeeffekt 5,16 Watt. Wie in Tabelle 1, ist der Widerstand am Anfang der Untersuchung mit 100 angenommen. Die Temperatur der Lösung innerhalb der Glasröhre wurde aus dem Widerstand und der Änderung der Leitfähigkeit der Lösung mit der Temperatur berechnet. Als Temperatur der Lösung innerhalb der Glasröhre zur Zeit 0 wurde Zimmertemperatur angenommen. Der erste Versuch wurde mit der natürlichen Luftströmung gemacht, bei dem zweiten wurde die Luft mittels einer Pumpe durch die Umhüllung gedrückt. Die Resultate zeigen, daß die künstliche Abkühlung eine gute Wirkung hat, aber der Apparat wird hierdurch viel komplizierter, da die Zuleitung der Luft in die Metallumhüllung, wenn das Rohr unter Hochspannung steht, viele Schwierigkeiten bereitet. Die Kurven Fig. 8 stellen die Temperatur der Lösung in der Glasröhre im Verhältnis zu der Zeit dar und zeigen wie bald die Endtemperatur erreicht wird.

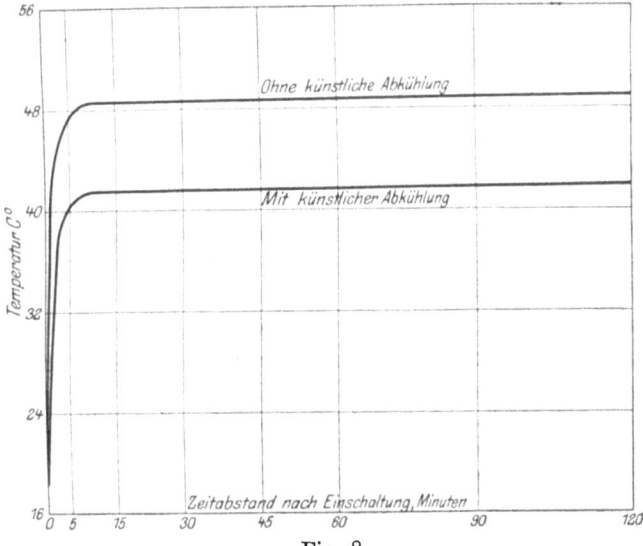

Fig. 8.

Da die künstliche Kühlung nicht zu empfehlen war, wurde der innere Durchmesser der Glasröhre etwas kleiner gehalten, bis sich eine Röhre von der Form wie in Fig. 7 als geeignet ergab. Die Dimensionen sind wie folgt:

Länge von einem Ansatz der Erweiterung bis zum andern 96 cm
Innerer Durchmesser der engen Röhre . . . . 1,08 mm[1])
Äußerer Durchmesser der engen Röhre . . . . 4,5 mm
Länge der Erweiterungen je . . . . 10 cm
Innerer Durchmesser der Erweiterungen . . . . 8 mm

---

[1]) Nicht gemessen sondern berechnet aus Leitfähigkeit der Lösung und dem Widerstand der Rohre.

Äußerer Durchmesser der Erweiterungen . . . . 11 mm
Gesamtlänge der ganzen Röhre . . . . 116 cm

Die Röhre besitzt, wenn mit der „I in II Lösung" gefüllt, einen Widerstand von rund 24 Millionen Ohm und kann eine Spannung von 6000 Volt ohne Schwierigkeit aushalten. Im Betrieb angestellte Messungen, Tabelle 3, haben ergeben, daß der Widerstand der Lösung sich bei 6000 Volt pro Röhre nicht ändert, und bei 7000 Volt nur sehr wenig.

Tabelle 3.

Zeitabstand nach Einschaltung des Stromes Minuten	Widerstand der Lösung bei 6000 Volt	Widerstand der Lösung bei 7000 Volt
0	100,00	100,00
5	100,08	—
10	100,00	100,30
15	100,00	—
30	100,02	—
45	99,99	100,10
60	100,00	100,50

Bei 6000 Volt Spannung ist die Stromstärke 0,25 Milli Ampere, der Wärmeeffekt 1,5 Watt. Bei 7000 Volt ist der Wärmeeffekt 2,05 Watt. Die Tabelle zeigt, daß wir den Widerstand als konstant ansehen können, bei einem Verlust von rund 2 Watt, außerdem ist die von uns erreichte Spannung von 6000 Volt pro Teilwiderstand doppelt so hoch wie die von Orlich und Schultze mit Drahtwiderständen erzielte.

Die Elektroden wurden aus dünnem Platinblech hergestellt, das, um die Polarisation möglichst zu vermeiden, schwarz platiniert wurde. An das Platinblech ist ein kurzer Platindraht angeschweißt, der in ein Glasrohr von 10 cm Länge eingeschmolzen ist. Als Zuleitung zum Platindraht dient ein Kupferdraht, der in dem Glasrohr mit ein wenig Paraffin befestigt wird. Die Elektroden haben eine Oberfläche von rund 0,2 qcm. Bei einer Stromstärke von 0,25 Milliampere erhalten wir eine Stromdichte für die Elektroden gleich 1,3 Milliampere pro Quadratzentimeter, dies genügt, um Fehler durch Polarisation zu vermeiden.

Die Messung der Widerstände und die Haltbarkeit der Lösung.

Es genügt selbstverständlich nicht, den Widerstand einer Röhre aus den Dimensionen und der Leitfähigkeit der Lösung zu berechnen, da die Röhren nicht nur untereinander in den Dimensionen verschieden sind, sondern auch der Durchmesser in der einzelnen Röhre variiert. Wie schon erwähnt, ist der Widerstand einer Röhre ungefähr 24 Millionen Ohm, es ist daher überhaupt unmöglich, denselben in der Wheatstoneschen Brücke zu messen. Nach längerem Ausprobieren haben wir eine Methode für die Messung der sehr hohen Widerstände gewählt, bei welcher das Quadrant-Elektrometer[1]) als Nullinstrument dient, diese Methode hat sich gut bewährt.

Das Schaltungsschema für diese Methode ist in Fig. 9 dargestellt. Das Quadrant-Elektrometer wird erst einjustiert, dies geschieht dadurch, daß wir den unbekannten Widerstand aus dem Stromkreis ausschalten und $r_2 = r_1$ machen, dann justieren wir das Elektrometer, bis sein Ausschlag gleich Null ist.

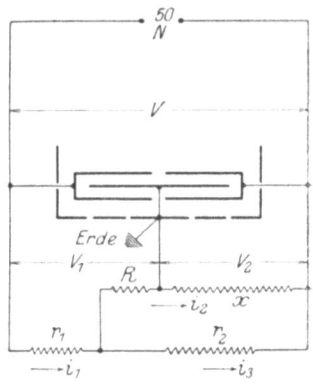

Fig. 9.

Wenn wir den unbekannten Widerstand x wieder einschalten und durch die Änderung des Widerstandes r_1 den Ausschlag des Quadrant-Elektrometers gleich Null machen, dann wird

$$V_1 = V_2$$

und

$$V_1 = i_1 r_1 + i_2 R$$
$$V_2 = i_2 x$$
$$i_3 = i_1 - i_2.$$

Also ist

$$V = V_1 + V_2 = i_1 r_1 + i_3 r_2.$$

Nun wird

$$i_2 R + i_2 x = i_3 r_2 = (i_1 - i_2) r_2$$

und

$$i_1 = \frac{i_2 x - i_2 R}{r_1}.$$

Setzen wir den Wert von i_1 ein und lösen die Gleichung auf, so finden wir:

$$x = \frac{R(r_2 + r_1) + r_2 r_1}{(r_2 - r_1)}.$$

---

[1]) Elect. World and Engineer, Feb. 8, 1913; La Revue Elec., Jan. 17, 1913; Comptes Rend., Dec. 9, 1912.

Diese Methode besitzt zwei große Vorteile, erstens eine große Genauigkeit und zweitens den Vorzug, daß der Widerstand der Lösung bei der jeweils benutzten Frequenz gemessen werden kann. Das genaue Arbeiten dieser Methode ist auf den Widerstand R zurückzuführen. Wäre R gleich Null und der Widerstand x groß, dann würde die Differenz $(r_2 - r_1)$ so klein werden, daß eine genaue Messung unmöglich ist. Wenn jedoch R gleich z. B. 100 000 Ohm wäre, dann würde die Differenz $(r_2 - r_1)$ einen großen Wert erreichen, so daß hierdurch die Messung sehr genau wird. Bei der Einschaltung des unbekannten Widerstandes x muß man darauf achten, daß die zuführende Leitung nichts berührt. Die in Tab. 4 gegebenen Resultate zeigen hier die Zuverlässigkeit der Methode.

Tabelle 4.

R . . Ohm	100 380	80 304	50 190	30 114
r_2 . . . „	199 800	199 800	199 800	199 800
r_1 . . . „	196 340	196 690	197 210	197 550
$r_2 + r_1$. „	396 140	396 490	397 010	397 350
$r_2 - r_1$. „	3 460	3 110	2 590	2 250
x . . . „	22 830 000	22 874 000	22 906 000	22 860 000

Der Mittelwert von x ist:

22 868 000 Ohm,

und die größte Differenz gegen den Mittelwert

38 000 Ohm

oder

0,168 %.

Die Spannung V bei diesen Widerstandsmessungen war

600 bis 700 Volt.

Die Widerstände der Lösung in der Röhre im gebrauchsfertigen Zustand wurde während einer Zeitdauer von mehreren Wochen gemessen, um ihre Veränderung im Laufe der Zeit festzustellen und um die Haltbarkeit der Lösung im Betriebszustand kennen zu lernen. Die Resultate dieser Messungen für eine Röhre, mit der „I in II Lösung" gefüllt, sind in Tabelle 5 zusammengestellt.

Wir haben gefunden, daß die $2/3$ normale Lösung nur für ungefähr zwei Wochen brauchbar war, da die Salze sehr schnell auskristallisieren, wodurch nicht nur die Widerstandsveränderung größer als bei der „I in II Lösung" wurde, sondern nach einiger Zeit auch die Temperatur-Widerstands-Kurve sich nach rechts verschob. Bei der „I in II Lösung" wurde dagegen, selbst nachdem dieselbe einen Monat lang gestanden war, eine Auskristallisierung nicht beobachtet, ebenso zeigt die Temperatur-Widerstands-Kurve nach dieser Zeit nur eine ganz geringe Verschiebung. Tabelle 5 zeigt, daß die „I in II Lösung" für die Dauer von einem Monat gut verwendet werden kann. Bei ganz genauen Messungen muß der Widerstand natürlich kontrolliert werden, in vielen Fällen wird sich dies erübrigen.

Tabelle 5.

Zeitabstand der Messungen	Widerstand der Lösung	
	Ohm	Mit 100,0 angenommen
Gleich nach Füllung	24 319 000	99,28
24 Std. „ „	24 495 000	100,00
48 „ „ „	24 519 000	100,10
72 „ „ „	24 543 000	100,20
96 „ „ „	24 560 000	100,27
7 Tage „ „	24 561 000	100,27
16 „ „ „	24 335 000	99,03
21 „ „ „	24 200 000	98,80
28 „ „ „	24 080 000	98,31
35 „ „ „	21 109 000	86,18

Die Fehlerquellen.

Wenn eine Lösung als ohmischer Widerstand verwendet wird, gibt es verschiedene Fehlerquellen, die beachtet und untersucht werden müssen, um festzustellen, welchen Einfluß dieselben auf die Resultate haben. Die Fehlerquellen sind folgende:

1. Widerstandsveränderung durch Stromwärme.
2. Widerstandsvermehrung.
3. Kapazität der Elektroden (Kondensatorwirkung).
4. Polarisation.

Besprechen wir nun

1. Die Widerstandsveränderung durch Stromwärme. Diese Fehlerquelle ist schon berücksichtigt worden unter dem Titel „Einfluß der Temperatur"[1]), es wurde $1/8\,^0/_0$ nicht überschritten.

2. Die Widerstandsvermehrung[2]). Die Widerstandsvermehrung spielt in unserem Falle keine Rolle, da der Widerstand

---

[1]) Seite 12 der vorliegenden Arbeit.
[2]) Ann. der Ph. und Ch. 58, S. 37, 1896.

der Lösung in der Glasröhre nicht aus den Dimensionen der Röhre und aus der Leitfähigkeit der Lösung berechnet, sondern im betriebsfertigen Zustand gemessen wird[1]).

3. **Kapazität der Elektroden.** Die Oberflächen der Elektroden liegen um einen Abstand von 1 Meter voneinander und bei dem Abstand können seine einander gegenüberliegenden Oberflächen nicht mehr als Kondensatorbelegungen angesehen werden. Da ihre Kapazität gegen die Umhüllung in der Größe K_1[2]) schon berücksichtigt ist, brauchen wir die Kapazität der Elektroden nicht nochmals zu berücksichtigen.

4. **Polarisation.** Die Polarisation hängt hauptsächlich von der Frequenz und Stromdichte an der Elektrodenoberfläche ab. Es war nötig, die Polarisation zu messen, um ihre Einwirkung auf die Resultate kennen zu lernen. Man kann die Polarisation wie Kohlrausch[3]) als eine einem Widerstand vorgeschaltete Kapazität betrachten, d. h. die EMK der Polarisation e_p ist

$$e_p = D \int i\,dt = \frac{1}{K}\int i\,dt;$$

hierin bedeutet

D die Polarisation

und

K die Polarisationskapazität.

Je kleiner die Polarisation ist, desto größer wird die Kapazität K. Wenn keine Polarisation stattfindet, wird der Kondensator K eine unendliche Kapazität besitzen. Nach Max Wien[4]) ist bekannt, daß die Polarisation keine reine Kapazität ist, sondern wie ein Kondensator wirkt, der einen Verlustwinkel besitzt. Es genügt für Widerstandszwecke, die Phasenverschiebung, die die Polarisation in einem Widerstand verursacht, zu messen.

Nachdem wir verschiedene Methoden zur Messung der Polarisation ausprobiert hatten, sind wir auf folgende Methode gekommen, die es ermöglicht, die Phasenverschiebung direkt zu messen. Dies ist zulässig, da in unserem Falle nicht die Polarisation selbst, sondern die durch sie verursachte Phasenverschiebung von Interesse ist.

Wenn wir auf der einen Seite einer Wheatstonebrücke den Widerstand, dessen Phasenwinkel wir suchen, und einen reinen

---

[1]) Seite 20 der vorliegenden Arbeit.
[2]) Seite 4 der vorliegenden Arbeit.
[3]) F. Kohlrausch, Leitvermögen der Elektrolyte, S. 65. Max Wien, Wied. Ann. der Ph. u. Ch. 42, S. 611, 1891; 58, S. 37, 1896.
[4]) Max Wien, Ann. d. Ph. u. Ch. 58, S. 37, 1896; 42, S. 611, 1891.

ohmischen Widerstand einschalten, auf der anderen Seite zwei Widerstände oder Kondensatoren, die gleiche Phasenverschiebung besitzen, dann bilden die Spannungsvektore ein Dreieck.

In Fig. 10 ist das Schaltungsschema dargestellt.

In eine Seite der Brücke wurde das Rohr a_1 und ein Widerstand a_2 bzw. r_2, der aus kleinen, induktionsfreien Spulen bestand und als rein ohmisch angesehen werden kann, in die andere Seite der Brücke zwei Luftkondensatoren eingeschaltet. Die mit der Lösung gefüllte

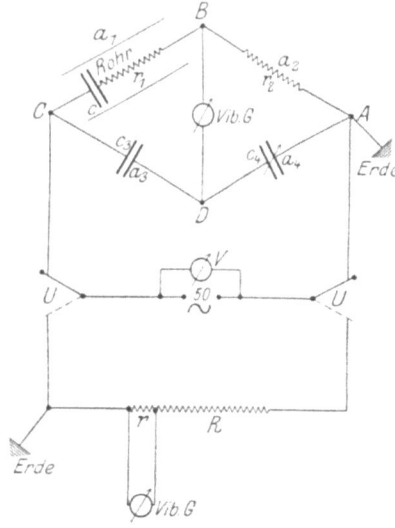

Fig. 10.

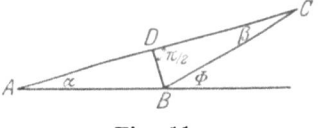

Fig. 11.

Glasröhre ist also ein Widerstand mit einem großen Vorschaltkondensator, wie in Fig. 10 dargestellt.

Die Spannungsvektore bilden ein Dreieck, wie in Fig. 11 dargestellt; es bedeuten

AB den Spannungsvektor des reinen ohmischen Widerstandes r_2,
BC „ „ „ Rohres a_1,
AD „ „ „ Luftkondensators C_4,
DC „ „ „ „ C_3,
DB „ „ zwischen den Punkten D und B.

AD und DC sind in Phase, bilden eine gerade Linie ADC und eine Seite des Dreiecks. Die Phasenschiebung des Rohrs ist durch Φ bezeichnet, und $\Phi = \alpha + \beta$.

Wir müssen also α und β finden, dies geschieht, indem wir die Längen der Seiten des Dreiecks messen. Die Differenz in der Länge der Seiten $\overline{AB}$ und $\overline{AD}$ ist sehr klein, wenn Φ klein ist, so daß eine genaue Messung derselben sehr schwierig wird. Wir nehmen nun eine gleicharmige Brücke, in der $\overline{AD} = \overline{DC}$ und $\overline{AB} = \overline{BC}$ ist und messen die Spannung BD. Da diese Spannung sehr klein ist, mußten wir, um dieselbe messen zu können, ein geeignetes Instrument benutzen; wir haben ein Vibrations-Galvanometer als für zweckmäßig gefunden, es dient dabei als Voltmeter[1]). Für niedrige Spannungen besitzt das Instrument wohl eine geradlinige Charakteristik, das Instrument ist jedoch gegen Änderungen der Frequenz sehr empfindlich, deshalb wurde die Schaltung so angeordnet, daß es möglich war, das Galvanometer und die Maschine, nach jeder Messung in der Brücke, direkt auf einen Spannungsteiler umzuschalten, ohne Änderung der Frequenz oder der Spannung der Maschine, dadurch werden Fehler durch Frequenzschwankungen ausgeschlossen.

Nun können wir die Phasenabweichung in der Lösung messen. Zuerst wurde mit Telephon und Saitenunterbrecher der Widerstand der Lösung bestimmt, dann wurde der Widerstand r_2 dem Widerstand der Lösung gleich gemacht. Eine Wechselspannung von einer Frequenz von 50 wurde eingeschaltet und durch Einstellung des variablen Luftkondensators C_4 wurde der Ausschlag des Vibrations-Galvanometers auf ein Minimum gebracht. Die Größe des Ausschlags wurde aufgenommen, das Galvanometer und die Spannung der Maschine auf den Spannungsteiler durch den Umschalter UU und einen zweiten Schalter (nicht dargestellt) umgeschaltet. Dann wurde durch Regulierung des Widerstandes R derselbe Ausschlag erzeugt wie zuvor, und die nötige Spannung für den Ausschlag berechnet. Die Einstellung auf das Minimum war sehr scharf, da $\overline{DB}$ sehr kurz ist.

Da das Vibrationsgalvanometer sehr empfindlich ist, war es nötig, das Galvanometer und seine Zuleitungen durch Metallumhüllungen gegen fremde Felder zu schützen und eine vibrationsfreie Aufstellung für dasselbe zu bauen. Die Messungen wurden abends durchgeführt, weil dann das Gebäude ruhig und die Spannung der Hochschul-Batterie konstant war.

Da die Länge $\overline{DB}$, d. h. der Ausschlag, einem Minimum gleich gemacht war, steht $\overline{DB}$ zu $\overline{ADC}$ senkrecht. Also wird $C_3 = C_4$, d. h. $\overline{AD} = \overline{DC}$, da $r_1 = r_2$ war; es bleibt also die Brücke gleicharmig.

Dann wird

$$\alpha = \beta$$

$$\operatorname{tg} \alpha = \frac{DB}{AD}$$

$$\Phi = 2\alpha$$

---

[1]) A. I. E. E. Proceedings, Juni 1912, S. 1073; Bull. Bur. Stand. 6, S. 376, 1909.

Da bei sehr kleinen Winkeln die Tangente dem Winkel unmittelbar proportional ist, wird ohne Fehler

$$\operatorname{tg} \Phi = 2 \operatorname{tg} \alpha.$$

Sei die angelegte Spannung $V_2 = AC$ und sei $V_1 = DB$, dann erhalten wir

$$\operatorname{tg} \alpha = \frac{V_1}{V_2/2} = \frac{2 V_1}{V_2}.$$

Die Phasenverschiebung wurde für verschiedene Elektrodengrößen und Stromdichten pro Quadratzentimeter Elektrodenoberfläche gemessen. Die Resultate sind in Tabelle 6 gegeben.

Tabelle 6.

Elektroden-Oberfläche qcm	Widerstand r_1 Ohm	Spannung V_2 Volt	Spannung V_1 Volt $\times 10^4$	$\operatorname{tg} \alpha \cdot 10^5$	$\operatorname{tg} \Phi \cdot 10^5$	Phasenverschiebung Φ Sek.	Stromdichte Milliamp. pro qcm
1,77	5000	12	0,3	0,5	1,0	2,07	0,679
1,77	5000	20	0,5	0,5	1,0	2,07	1,13
1,77	5000	30	0,75	0,5	1,0	2,07	1,696
1,77	5000	40	0,77	0,385	0,77	1,6	2,26
1,77	5000	50	0,83	0,332	0,664	1,37	2,83
0,3	5000	4	0,1	0,5	1,0	2,07	1,33
0,3	5000	8	0,133	0,33	0,66	1,37	2,67
1,77	10000	10	0,25	0,5	1,0	2,07	0,283
1,77	10000	20	0,5	0,5	1,0	2,07	0,535
1,77	10000	30	0,75	0,5	1,0	2,07	0,848
1,77	10000	40	1,0	0,5	1,0	2,07	1,113
1,77	10000	50	1,25	0,5	1,0	2,07	1,41
1,77	10000	60	1,5	0,5	1,0	2,07	1,696
1,77	10000	80	1,6	0,4	0,8	1,65	2,26
1,77	10000	99	1,65	0,33	0,66	1,36	2,8
0,3	10000	4	0,1	0,5	1,0	2,07	0,66
0,3	10000	8	0,2	0,5	1,0	2,07	1,33
0,3	10000	12	0,276	0,46	0,92	1,91	2,0

Aus Tabelle 6 sehen wir, daß man von 0,3 bis 2,0 Milliampere pro Quadratzentimeter die Phasenverschiebung durch Polarisation gleich rund 2 Bogensekunden bei 50 Perioden annehmen kann; dieser Wert wurde mit schwarz platinierten Platinelektroden erhalten. Die Phasenverschiebung ist ganz unabhängig von Größe des

Widerstandes der Lösung. Diese Phasenverschiebung durch Polarisation ist sehr klein und kann daher vernachlässigt werden. Die Resultate zeigen auch eine Verkleinerung der Polarisation bei einer zunehmenden Stromdichte. Max Wien[1]) hat ein ähnliches Verhalten bei seinen Polarisationsmessungen gefunden. Weitere Versuche zeigten, daß bei einer etwas größeren Stromdichte die Phasenverschiebung der Polarisation sehr schnell ansteigt.

Wir haben auch die Polarisationsverschiebung nach der Methode der Reichsanstalt[2]) gemessen und Resultate erhalten, die in der Größenanordnung gut mit unseren Resultaten übereinstimmen. Wir geben die folgenden Beispiele:

Bei einer Stromstärke von 0,80 Milliampere pro qcm $\Phi = 4{,}1''$
" " " " 1,11 " " " $\Phi = 2{,}9''$
" " " " 1,41 " " " $\Phi = 2{,}8''$

Weitere Fehlerquellen. Außer den schon erwähnten und berücksichtigten Fehlerquellen möchten wir auf zwei weitere hinweisen, nämlich

a) die Kapazitätsströme, die auf das Quadrant-Elektrometer fließen, und

b) die Wirbelströme in dem Schutzmantel.

a) Die Kapazität des Quadrant-Elektrometers mit seiner Zuleitung wurde nach der Maxwell-Thomsonschen Methode[3]) gemessen und mit

$$4{,}2 \cdot 10^{-10} \text{ Farad}$$

festgestellt. Nach Orlich[4]) soll in der idiostatischen Schaltung der Fehler unter 1 Promille bleiben, dann muß die Stromstärke S im Spannungsteiler

$$S > v\gamma V_0 \left(1 - \frac{V_0}{P}\right) 140$$

sein.

Hier bedeutet:
$$v = 50 \text{ Perioden},$$
$$\gamma = 4{,}2 \cdot 10^{-10} \text{ Farad},$$
$$V_0 = 30 \text{ Volt},$$
$$P = 6000 \text{ Volt}.$$

Also muß sein
$$S > 0{,}000088 \text{ Ampere}.$$

---

[1]) Wied, Ann. d. Ph. u. Ch. 58, S. 44, 1898.
[2]) Archiv für Elek. Bd. 1, S. 425, 1913.
[3]) Orlich, Kapazität und Induktivität S. 212.
[4]) Zeitschr. f. Instr.-Kunde 29, S. 43, 1909.

Da der Strom im Spannungsteiler bei 6000 Volt gleich 0,00025 Ampere ist, sind die Kapazitätsströme, die auf das Quadrant-Elektrometer fließen, vernachlässigbar.

b) Die Wirbelströme hängen hauptsächlich von der magnetischen Feldstärke ab. In unserem Falle wird die Feldstärke

$$H = \frac{2i}{x};$$

hierin bedeutet:

i die Stromstärke $= 0,00025$ Ampere $= 0,000025$ abs. Einh.
x den Abstand von der Leiterachse $= 5$ cm.

Also wird

$$H = 0,00001.$$

Da die Wirbelstromverluste von H^2 abhängen, das Volumen der Umhüllung sehr klein ist und die Frequenz nur gleich 50, werden die Wirbelstromverluste auf die Messungen keinen Einfluß haben.

Wir haben nun die verschiedenen Fehlerquellen berücksichtigt und kommen zu dem Schluß, daß die einzige, die in unseren Messungen störend wirken kann, diejenige ist, die in Schwankungen der Widerstände, die auf die Erwärmung der Lösung zurückzuführen sind, liegt. Diese Fehlerquelle kann mit Leichtigkeit kontrolliert werden, wir brauchen nur darauf zu achten, daß der Ausschlag des Quadrant-Elektrometers nach Einschaltung einer konstant gehaltenen Spannung konstant bleibt. Jede durch Erwärmung der Lösung verursachte Schwankung im Widerstand der Lösung wird sich in dem Ausschlag des Quadrant-Elektrometers sofort bemerkbar machen, da die Röhre eine sehr kleine Wärmekapazität besitzt.

Die Konstruktion.

Ein Widerstandssatz von vier Teilwiderständen wurde nach der obenerwähnten Theorie konstruiert. Der Satz besteht aus zwei Teilen: dem Hauptkreis, der die vier Teilwiderstände enthält, und dem Hilfskreis, der dazu dient, die Schutzmäntel mit den nötigen Spannungen zu versorgen.

Für die Konstruktion des Widerstandssatzes waren im ganzen neun Röhren notwendig; für alle neun Röhren sind die Dimensionen der erweiterten Endstücke gleich, und von den neun haben:

5 Stück eine Länge von 96 cm (R) zwischen den Ansätzen
    der Erweiterungen,
1 „   „   „   „   40 cm (5/12 R) zwischen den Ansätzen
    der Erweiterungen,

30 Der Spannungsteiler.

1 Stück eine Länge von 56 cm (7/12 R) zwischen den Ansätzen der Erweiterungen,
1 „   „   „   „   88 cm (11/12 R) zwischen den Ansätzen der Erweiterungen,
1 „   „   „   „   104 cm (13/12 R) zwischen den Ansätzen der Erweiterungen.

Das Schaltungsschema des Widerstandssatzes ist in Fig. 12 dargestellt, wir haben für die Darstellung angenommen, daß wir eine Spannung von 25 Kilo-Volt zu unterteilen haben und daß der Spannungsabfall in dem Vorschaltwiderstand ϱ 1,0 KV beträgt.

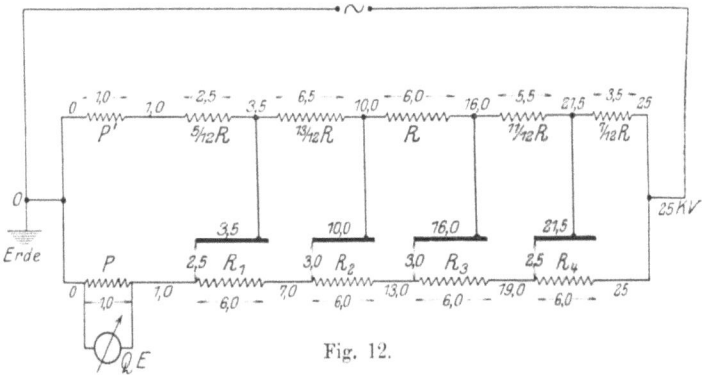

Fig. 12.

Die Widerstände ϱ und ϱ' sind nicht in den Widerstandssatz eingebaut, sondern dieselben sind variable Drahtwiderstände, die als rein ohmisch angesehen werden können. In Fig. 12 liegt der Hauptkreis unten und enthält die vier Teilwiderstände R_1, R_2, R_3 und R_4, die stark gezeichneten Linien sind die zugehörigen Schutzmäntel. Bei 25 KV haben wir die folgenden Teilspannungen:

im Vorschaltwiderstand den Spannungsabfall $v = 1,0$ KV
„ Teilwiderstand 1 „ „ $\delta V_1 = 6,0$ „
„   „   2 „ „ $\delta V_2 = 6,0$ „
„   „   3 „ „ $\delta V_3 = 6,0$ „
„   „   4 „ „ $\delta V_4 = 6,0$ „

und im Gesamthauptkreis den Spannungsabfall $v + \delta V = 25,0$ KV. In dem dargestellten Hilfskreise wird ϱ' gleich ϱ gemacht; wir brauchen fünf Widerstände von verschiedenen Größen, um die nötigen Spannungen für die Umhüllungen der Teilwiderstände des Hauptkreises zu schaffen. Die zugehörigen Spannungsabfälle sind:

im Vorschaltwiderstand ein Spannungsabfall = 1,0 KV
„ Widerstand 5/12 R   „   „   = 2,5 „

Die Konstruktion.

im Widerstand 13/12 R ein Spannungsabfall = 6,5 KV
„ „ R „ „ = 6,0 „
„ „ 11/12 R „ „ = 5,5 „
„ „ 7/12 R „ „ = 3,5 „
und im ganzen Hilfskreis „ „ = 25,0 „

Nach der Theorie sollte die Spannung zwischen dem Anfang eines Teilwiderstandes und seiner Umhüllung:

$$P \delta V_1$$

sein. Um den Strom am Anfang des Teilwiderstandes R_1 in Phase mit der Gesamtspannung δV zu bringen, haben wir schon gefunden

$$P_1 = P_n (P_4 \text{ in diesem Fall}) = 5/12$$

und

$$P_2 = P_3 = \ldots = P_{n-1} \ldots = 1/2.$$

In Fig. 12 sehen wir, daß die Spannung am Anfang des Teilwiderstandes R_1 1,0 KV ist und die Spannung an seiner Umhüllung 3,5 KV, zwischen Rohr und Hülle also eine Spannung von 2,5 KV besteht.

Nun erhalten wir:

$$5/12 \cdot \delta V_1 = 5/12 \cdot 6,0 = 2,5 \text{ KV}.$$

Dies stimmt mit dem theoretischen Wert überein.

Die Spannung beim Teilwiderstand R_4 ist ebenfalls

2,5 KV.

Wir finden zwischen den beiden Teilwiderständen R_2 und R_3 und ihren zugehörigen Umhüllungen eine Spannung von

3,0 KV.

Nun ist

$$1/2 \cdot \delta V_2 = 1/2 \cdot 6,0 = 3,0 \text{ KV}.$$

Hierdurch sind nun die geforderten Bedingungen erfüllt. Die Röhren wurden nach der Füllung in einem Holzgestell befestigt. Sie stehen in zwei parallelen Reihen, die eine (a) enthält den Hauptkreis mit seinen Schutzmänteln, die andere (b) den Hilfskreis.

a) Die Schutzmäntel wurden aus Zinkblech hergestellt und haben einen inneren Durchmesser von 10 cm, dieselben sind in dem Gestell an Hartgummiplatten, die gleichzeitig als Isolatoren dienen, aufgehängt.

Die Glasröhren des Hauptkreises haben wir wie folgt befestigt: In jedem Schutzmantel 15 cm von dem oberen Rand entfernt ist eine Stützplatte aus Hartgummi angebracht, die dazu dient, die Glasröhre zentrisch in dem Mantel aufzuhängen. Die

32 Der Spannungsteiler.

Glasröhre wird auch unten durch eine verschiebbare Hartgummiplatte zentrisch festgehalten. Die beiden Platten sind mehrfach durchbohrt, um eine freie Luftzirkulation zu ermöglichen.

b) Die Röhren des Hilfskreises sind oben und unten an festen Hartgummiplatten mit einem Zwischenstück aus Kork aufgehängt.

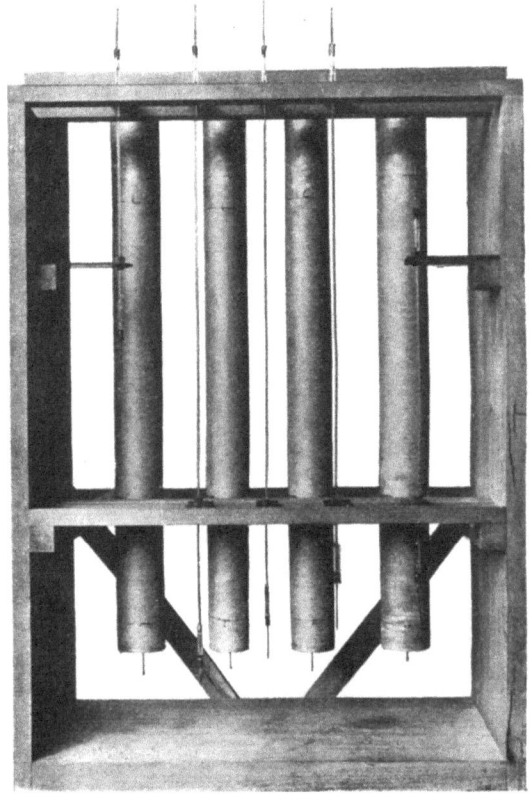

Fig. 13.

Diese Konstruktion ermöglicht eine leichte Auswechslung der Röhren.

Die Füllung der Röhren wird in folgender Weise vorgenommen:

Eine Röhre wird aufgestellt, nachdem die untere Öffnung mit einem Kork verschlossen ist, die Lösung wird oben in die Erweiterung eingegossen, dann lüftet man etwas den Kork an der unteren Seite und läßt hierdurch die Lösung in den Kapillarteil der Röhre eintreten, worauf der Kork am unteren Ende wieder fest eingedrückt wird. Hiernach füllt man die obere Erweiterung mit Lösung vollständig auf, führt in diese die Elektrode ein, die durch einen Gummistöpsel getragen wird. Dieser Stöpsel wird vorerst nur leicht eingedrückt, wobei zu beachten ist, daß in der oberen Erweiterung keine Luftblasen entstehen. Nun wird die Röhre umgedreht, der Kork herausgenommen und der Stöpsel an der nun unten befindlichen Seite fest eingedrückt. Dann füllt man die jetzt oben stehende Erweiterung mit Lösung, und zwar nur bis zur Hälfte, um Raum für die Ausdehnung der Lösung zu lassen. Endlich setzt man die zweite Elektrode mit ihrem Gummistöpsel fest ein, die Röhre ist betriebsfertig und kann in das Gestell eingehängt werden.

Fig. 13 zeigt das Gestell mit den eingesetzten Röhren.

Mit dem Widerstandssatz von allen vier Teilwiderständen ist es möglich, Spannungen bis zu 24000 Volt zu messen, bei niedrigen Spannungen ist es jedoch vorteilhafter, mit weniger Röhren zu arbeiten wegen der Kapazitätsströme. Wir würden wählen:

Von 12000 bis 18000 Volt drei Teilwiderstände und im Hilfskreis

$5/12 R$, $13/12 R$, $11/12 R$ und $7/12 R$ und $\varrho' = \varrho$.

Von 6000 bis 12000 Volt zwei Teilwiderstände und im Hilfskreis

$5/12 R$, R und $7/12 R$ und $\varrho' = \varrho$.

Und bis 6000 Volt einen Teilwiderstand und im Hilfskreis

$5/12 R$ und $7/12 R$ und $\varrho' = \varrho$.

Die experimentelle Untersuchung.

Nachdem wir den Apparat nun in einen betriebsfertigen Zustand versetzt haben, bestimmen wir die Widerstände in den einzelnen Röhren und bringen die Widerstände in das richtige Verhältnis zueinander. Kleine Veränderungen lassen sich durch Verschiebung der Elektroden vornehmen, größere Veränderungen werden durch minimale Verdünnung oder Verstärkung der Lösung erreicht.

Nun werden die Messungen der Kapazität zwischen den Röhren des Hauptkreises und ihren zugehörigen Schutzmänteln nach der Maxwell-Thomsonschen Methode[1]) vorgenommen. Für diese vier Röhren finden wir den folgenden Mittelwert:

$$12,5 \cdot 10^{-12} \text{ Farad.}$$

---

[1]) Orlich, Kap. u. Induk. S. 212.

Dieser Wert wurde in dem theoretischen Teile der Arbeit[1]) schon zugrunde gelegt.

Bei der Art unserer Konstruktion war es fast unmöglich, den Verlustwinkel für diese Kapazität aus den Dimensionen zu berechnen, wir haben denselben deshalb in einer Wheatstoneschen Brückenschaltung[2]) gemessen. Um die Messung auszuführen, wurde eine Röhre mit den Hartgummi-Stützen aus dem Schutzmantel entfernt und durch einen Kupferdraht ersetzt, der nicht am Mantel befestigt war. Die Entfernung des Drahtes von dem Mantel war so angeordnet, daß dieser reine Luftkondensator eine gleiche Kapazität wie die Röhre besaß, die er ersetzte. Dann wurde die Messung in einer gleicharmigen Brücke vorgenommen, für η ergab sich der Betrag

$$\eta = 2{,}025'.$$

Dieser Wert war auch schon in dem theoretischen Teil berücksichtigt[3]).

Die Hauptuntersuchung.

Es war kein Apparat zur Messung der Phasenabweichung des Widerstandssatzes vorhanden, und da eine ähnliche Messung schon ausführlich in der Reichsanstalt durchgeführt war, haben wir davon Abstand genommen diese Messung zu wiederholen. Wir haben jedoch die Spannungsverhältnisse des Widerstandssatzes mit einem Elektrometer nach dem Prinzip der Crémieuschen Wage[4]) untersucht. Ich habe für diesen Zweck ein Elektrometer, das nach den Vorschlägen von Müller[5]) gebaut war und mir von Herrn Professor Dr. Sieveking freundlichst überlassen war, etwas abgeändert. Die Crémieusche Wage beruht auf dem Prinzip, daß die Anziehung in einem elektrostatischen Feld zwischen zwei Kugeln dem Quadrat der Spannung proportional und die Anziehung in einem magnetischen Feld zwischen zwei Spulen dem Quadrat der Stromstärke proportional ist. Demnach wird, wenn beide Beziehungen sich das Gleichgewicht halten:

$$\frac{V_2^2}{V_1^2} = \frac{i_2^2}{i_1^2}$$

Wenn das magnetische Feld, in dem sich die bewegliche

---

[1]) Seite 3 der vorliegenden Arbeit.
[2]) Orlich, Kap. u. Induk. S. 249.
[3]) Siehe S. 3 der vorliegenden Arbeit.
[4]) Zeitschr. f. Instr.-Kunde 24, S. 282, 1904.
[5]) Müller, Ann. d. Ph. 28, S. 585, 1909.

Spule befindet, konstant bleibt, und die Stromstärke sich nur in dieser Spule ändert, wird

$$\frac{V_2{}^2}{V_1{}^2} = \frac{i_2}{i_1}.$$

Um das Müllersche Elektrometer in eine Spannungswage umzuändern, war es nur nötig, Spulen für das magnetische Feld anzubringen. Eine Spule von 700 Windungen wurde in das bewegliche System des Elektrometers eingeführt, die bifilare Aufhängung diente als Zuleitung zu der Spule, die Ableitung bestand aus einem Draht, welcher von der Spule nach unten in das Öldämpfungsgefäß führt, wo er in Quecksilber eintaucht. Die zweite Spule wurde in zwei Teilen von je 125 Windungen mit einem Radius von 26 cm gewickelt. Diese beiden Teile wurden in einem Abstand von 13 cm fest montiert. Durch diese Anordnung wurde ein annähernd homogenes magnetisches Feld[1]) an dem Ort der beweglichen Spule hergestellt. Das feste System war so angeordnet, daß das bewegliche System in der Mitte des Zwischenraums lag.

Es wurden mehrere Untersuchungen durchgeführt, wir geben die Resultate von zwei derselben. Bei der Art der Konstruktion der Spannungswage ist das magnetische Feld der Erde bei ihrem Gebrauch von Einfluß. Man kann entweder durch die bewegliche Spule allein einen Strom schicken und die Wirkung des magnetischen Feldes der Erde verwenden, event. verstärkt durch einen konstanten Strom in der festen Spule, oder die Wage so aufstellen, daß diese Wirkung gleich Null wird und die zwei Spulen hintereinander geschaltet verwendet werden. Wenn nötig, kann der Strom der festen Spule in einem konstanten Verhältnis stärker gehalten werden, als in der beweglichen.

Die Resultate, die wir in Tabelle 8 geben, haben wir bei einer derartigen Aufstellung der Wage erhalten, daß die Wirkung des Erdfeldes gleich Null, und feste und bewegliche Spulen hintereinander geschaltet waren. In Tabelle 9 geben wir Werte, die nur durch Wirkung des Erdfeldes bedingt wurden, wobei die feste Spule ausgeschaltet war.

Das Schaltungsschema des Widerstandssatzes ist in Fig. 12 bereits dargestellt. Die Spannungswage war parallel mit dem Widerstandssatz und den Vorschaltwiderständen geschaltet. Die Vorschaltwiderstände ϱ und ϱ' werden während der Versuche immer gleich gehalten, für die erste Untersuchung, Tabelle 8 wurden für dieselbe elektrolytische Widerstände aus der „I in II Lösung" verwendet, für die zweite Untersuchung, Tabelle 9, wurden Kurbel-

---

[1]) Wiedemanns Elek. Bd. 3, S. 59, 227 u. 436.

widerstände von Siemens & Halske, die als kapazitäts- und induktionsfrei angesehen werden können, benutzt.
Bei den Versuchen war

$$\varrho = \varrho' = 100\,000 \text{ Ohm}.$$

Als Stromquelle für die Spannungswage dient eine kleine Batterie von 10 Volt. Der Strom, der durch die Wage ging, wurde durch ein Weston-Laboratoriums-Normal-Voltmeter, das parallel mit einem Normalwiderstand geschaltet war, gemessen. Der Ausschlag und der Nullpunkt der Spannungswage wurden durch Spiegel und Skala bestimmt.

Vor dem Anfang jeder Untersuchung wurde die Nullage der Spannungswage genau ermittelt; dann wurde die Hochspannung eingeschaltet. Als Stromquelle für die Hochspannung diente ein Wechselstromgenerator, der durch einen Gleichstrommotor angetrieben wurde, beide wurden mit Strom einer Batterie des elektrotechnischen Instituts gespeist. Es war möglich, die Tourenzahl des Motors und dadurch auch die Frequenz des Wechselstromes vom Beobachtungsraum aus zu regulieren, ebenso die Spannung der Wechselstrommaschine. Diese Spannung diente als Primärspannung eines Hochspannungstransformators bis zu ungefähr 14 000 Volt. Um höhere Spannungen zu erreichen, war es nötig, vor den Hochspannungstransformator einen Transformator mit dem Übersetzungsverhältnis 1 zu 5 vorzuschalten. Der Hochspannungstransformator war so geschaltet, daß sein Übersetzungsverhältnis 1 zu 100 war. Bei der Einschaltung der Hochspannung gab die Wage einen Ausschlag; um diesen Ausschlag auf Null zu bringen, wurde der durch die Spannungswage fließende Strom eingeschaltet und so reguliert, daß der Lichtstrahl wieder auf die Nullstelle kam. Sobald dies erreicht war, wurden Strom und Hochspannung gleichzeitig ausgeschaltet und der Nullpunkt beobachtet. Dann wurde der Strom und die Hochspannung wieder eingeschaltet, die Stellung des Lichtstrahls beobachtet und wieder ausgeschaltet, bis man sicher war, daß die Wirkung des magnetischen Feldes ganz gleich und entgegengesetzt der Wirkung des elektrostatischen Feldes war. Ist der Ausschlag Null, so gilt:

$$\frac{V_2^2}{V_1^2} = \frac{i_2^2}{i_1^2} \text{ bzw. } \frac{i_2}{i_1}.$$

Hierauf wurde die Stromstärke gemessen und der Ausschlag des Quadrant-Elektrometers beobachtet. Während der Messung wurde die Frequenz und die Primärspannung konstant gehalten.

Die Messungen erstrecken sich auf einen Meßbereich von rund

Die Hauptuntersuchung. 37

3000 bis 27 000 Volt und sind mit einer verschiedenen Anzahl von Röhren, wie oben vorgeschlagen, ausgeführt worden.

Wir wollen nun, ehe wir die Schlußresultate betrachten, das Verhältnis

$$\frac{V}{v} = \frac{R+\varrho}{\varrho}$$

näher untersuchen.

1. **Bei einem Teilwiderstand und** $P_1 = \frac{5}{12}$. Hier gilt die Gleichung für die Phasenverschiebung

$$\measuredangle(\delta\mathfrak{B}, \mathfrak{J}_0) = +\left(\frac{1}{6} - \frac{P_1}{2}\right) R_1 \omega K_1 \quad \ldots \quad (5)$$

und wenn wir den Wert von P_1 einsetzen, erhalten wir

$$\measuredangle(\delta\mathfrak{B}, \mathfrak{J}_0) = -\tfrac{1}{24} R_1 \omega K_1.$$

Der Strom ist nicht in Phase mit der Gesamtspannung, sondern eilt derselben um einen Winkel von

$$13,7'$$

vor.

Mit Bezugnahme auf Fig. 14, in welcher

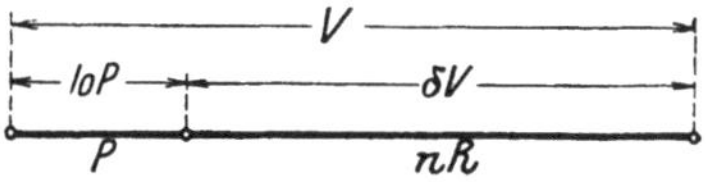

$$V = I_0 \varrho + \delta V$$
$$v = I_0 \varrho$$

Fig. 14.

ist und Gl. (6) können wir nun schreiben:

$$\frac{V}{v} = \frac{R+\varrho}{\varrho} + \frac{R}{\varrho}\left[\frac{\mu P_1}{2} R_1 \omega K_1 + \left(\frac{1}{180} + \frac{P_1}{24} - \frac{P_1^2}{8}\right) R_1^2 \omega^2 K_1^2\right] (41)$$

Sei $\mu = 0$ und setzen wir den Wert von P_1 ein, dann wird das Verhältnis

$$\frac{V}{v} = \frac{R+\varrho}{\varrho} + \frac{R}{\varrho} \cdot 0{,}001\,215 \cdot R_1^2 \omega^2 K_1^2$$

oder

$$\frac{V}{v} = \frac{R+\varrho}{\varrho} + 0{,}000\,101\,74\,\frac{R}{\varrho} \quad \ldots \quad (42)$$

Für mehr als einen Teilwiderstand gelten die Gleichungen

$$\measuredangle(\delta\mathfrak{B}, \mathfrak{J}_0) = +\frac{1}{2}\left[\frac{n}{2} - \frac{1}{6} - 2P_1 - (n-2)P_2\right] R_1 \omega K_1 \quad (38)$$

und mit Berücksichtigung von Fig. 14 und Gl. 39:

38 Der Spannungsleiter.

$$\frac{V}{v} = \frac{n \cdot R + \varrho}{\varrho} + \frac{n \cdot R}{\varrho} \cdot \frac{1}{2} \left[n^2 \left(\frac{1}{16} - \frac{P_2}{4} + \frac{P_2^2}{4} \right) + \frac{1}{n} \left(\frac{P_2}{6} - \frac{P_1}{6} \right) \right.$$

$$+ n \left(\frac{11}{12} P_2 - \frac{1}{12} - \frac{3}{2} P_2^2 - \frac{P_1}{2} + P_1 P_2 \right) + \frac{5}{6} P_1$$

$$\left. + 2 P_2^2 - \frac{11}{12} P_2 - 2 P_1 P_2 + \frac{3}{16} \right] R_1^2 \omega^2 K_1^2 \quad (43)$$

wenn wir das Glied mit μ vernachlässigen.

2. Bei **zwei** Teilwiderständen im Hauptkreis

und $\frac{5}{12}R$, R, und $\frac{7}{12}R$ im Hilfskreis

wird
$$P_1 = \tfrac{5}{12} \quad \text{und} \quad P_2 = 0.$$

Setzen wir diese Werte in Gl. 38 und 43 ein, so ist der Strom am Anfang in Phase mit der Gesamtspannung, es ergibt sich für Gl. 43 der Wert:

$$\frac{V}{v} = \frac{n \cdot R + \varrho}{\varrho} + \frac{n \cdot R}{\varrho} \cdot \frac{1}{12} R_1^2 \omega^2 K_1^2$$

oder

$$\frac{V}{v} + \frac{n \cdot R + \varrho}{\varrho} + 0{,}000\,736 \cdot \frac{n \cdot R}{\varrho}. \quad \ldots \quad (44)$$

3. Bei **drei** Teilwiderständen im Hauptkreis

und $\frac{5}{12}R$, $\frac{13}{12}R$, $\frac{11}{12}R$ und $\frac{7}{12}R$ im Hilfskreis

wird $\quad P_1 = \tfrac{5}{12} \quad \text{und} \quad P_2 = \tfrac{1}{2}.$

Der Strom ist in Phase mit der Gesamtspannung und für Gl. 43 bekommen wir den Wert:

$$\frac{V}{v} = \frac{n \cdot R + \varrho}{\varrho} + \frac{n \cdot R}{\varrho} \cdot 0{,}082\,17 \, R_1^2 \omega^2 K_1^2 \quad \ldots \quad (43)$$

$$\frac{V}{v} + \frac{n \cdot R + \varrho}{\varrho} + 0{,}000\,726 \cdot \frac{n \cdot R}{\varrho} \quad \ldots \ldots \quad (45)$$

4. Bei **vier** Teilwiderständen im Hauptkreis

und $\frac{5}{12}R$, $\frac{13}{12}R$, R, $\frac{11}{12}R$ und $\frac{7}{12}R$ im Hilfskreis

wird $\quad P_1 = \tfrac{5}{12} \quad \text{und} \quad P_2 = \tfrac{1}{2}.$

Der Strom am Anfang ist in Phase mit der Gesamtspannung und für die Gl. 43 erhalten wir den Wert:

$$\frac{V}{v} = \frac{n \cdot R + \varrho}{\varrho} + \frac{n \cdot R}{\varrho} \cdot 0{,}0816 \cdot R_1^2 \omega^2 K_1^2$$

oder
$$\frac{V}{v} = \frac{n \cdot R + \varrho}{\varrho} + 0{,}000\,721\,\frac{n \cdot R}{\varrho} \ \ \ \ \ (46)$$

Wir sehen nun in sämtlichen Fällen, daß das zweite Korrektionsglied unter 1 Promille bleibt, so daß wir es vernachlässigen können, es genügt also zu setzen:

$$V = \frac{n \cdot R + \varrho}{\varrho} \cdot v \ \ \ \ \ \ \ \ (47)$$

Vor und nach den Versuchen haben wir die Widerstände der Lösung in den Röhren gemessen. Es ergab sich keine merkliche Änderung des Widerstandes. Die Resultate der Widerstandsmessungen sind in Tabelle 7 angegeben.

Tabelle 7.

Rohr	Widerstand, Ohm	
	Anfang des Versuchs	Ende des Versuchs
Hauptkreis, Rohr 1 ..	24 553 000	24 552 000
„ „ 2 ..	24 497 000	24 500 000
„ „ 3 ..	24 570 000	24 568 000
„ „ 4 ..	24 561 000	24 560 000
„ Summe	98 181 000	98 180 000
Hilfskreis, Rohr $^5/_{12}$ ..	10 227 000	10 228 000
„ „ $^{13}/_{12}$ ..	26 582 000	26 580 000
„ „ R ..	24 554 000	24 554 000
„ „ $^{11}/_{12}$ ..	22 504 000	22 506 000
„ „ $^{7}/_{12}$ ..	14 318 000	14 318 000
„ Summe	98 185 000	9 8 186 000

In beiden Versuchsreihen wurde die kleine Spannung v mit dem Quadrant-Elektrometer gemessen und die Spannung V aus Gl. 47 berechnet.

Erste Reihe. Als Vorschaltwiderstände dienten zwei Flüssigkeitswiderstände von je 100 000 Ohm, die aus der „I in II Lösung" hergestellt waren. Die Wage war so aufgestellt, daß die Wirkung des magnetischen Feldes der Erde gleich Null war, die zwei Spulen waren hintereinandergeschaltet. Dann wird $\frac{V_2^2}{V_1^2} = \frac{i_2^2}{i_1^2}$.

Zweite Reihe. Als Vorschaltwiderstände dienen zwei Kurbelrheostate von je 100 000 Ohm von Siemens & Halske, die als induktions- und kapazitätsfrei angesehen werden können. Die

Der Spannungsteiler.

Wage war so geschaltet und aufgestellt, daß die bewegliche Spule nur durch das Erdfeld beeinflußt wurde, dann gilt: $\dfrac{V_2^2}{V_1^2}=\dfrac{i_2}{i_1}$.

Tabelle 8.

Einge-schaltete Rohre Nr.	Der Widerstand $n\cdot R$ Ohm $\times 10^{-3}$	$\dfrac{n\cdot R+\varrho}{\varrho}$	Spanng. am Elektrom. v Volt	Die gesamte Spannung V Volt	Stromstärke i in der Wage	Die Verhältnisse	
						$\dfrac{V_2^2}{V_1^2}$	$\dfrac{i_2^2}{i_1^2}$
2	24497	245,97	15,01	3692,0	0,193	0,4119	0,4138
2	24497	245,97	21,22	5219,5	0,239	0,6233	0,6241
2	24497	245,97	23,35	5743,4	0,300	0,9968	1,0000
2 u. 3	49067	491,67	11,70	5752,5	0,300	1,0000	1,0000
2 u. 3	49067	491,67	17,00	8359,3	0,436	2,1110	2,1121
2, 3 u. 4	73628	737,28	11,33	8353,4	0,436	2,1090	2,1121
2, 3 u. 4	73628	737,28	14,25	10506,2	0,548	3,3356	3,3364
2, 3 u. 4	73628	737,28	23,20	17104,9	0,892	8,8415	8,8407
2, 3 u. 4	73628	737,28	26,22	19331,5	1,010	11,2937	11,3340
1, 2, 3 u. 4	98181	982,81	19,67	19331,9	1,010	11,2937	11,3340
1, 2, 3 u. 4	98181	982,81	26,22	25769,3	1,345	20,0672	20,1002

Tabelle 9.

Einge-schaltete Rohre Nr.	Der Widerstand $n\cdot R$ Ohm $\times 10^{-3}$	$\dfrac{n\cdot R+\varrho}{\varrho}$	Spanng. am Elektrom. v Volt	Die gesamte Spannung V Volt	Stromstärke i in der Wage	Die Verhältnisse	
						$\dfrac{V_2^2}{V_1^2}$	$\dfrac{i_2}{i_1}$
3	24570	246,70	15,00	3700,5	0,100	0,3343	0,3333
3	24570	246,70	20,80	5131,4	0,193	0,6429	0,6433
3	24570	246,70	25,93	6396,9	0,300	0,9990	1,0000
3 u. 4	49131	492,31	13,00	6400,0	0,300	1,0000	1,0000
3 u. 4	49131	492,31	18,32	9019,1	0,598	1,9859	1,9933
3 u. 4	49131	492,31	27,22	13400,7	1,310	4,3847	4,3667
2, 3 u. 4	73628	737,28	18,18	13403,7	1,310	4,3862	4,3667
2, 3 u. 4	73628	737,28	22,40	16515,1	2,000	6,6589	6,6667
2, 3 u. 4	73628	737,28	26,42	19478,9	2,780	9,2684	9,2667
1, 2, 3 u. 4	98181	982,81	19,82	19479,3	2,780	9,2684	9,2667
1, 2, 3 u. 4	98181	982,81	24,61	24187,0	4,280	14,2824	14,2667
1, 2, 3 u. 4	98181	982,81	28,42	27914,3	5,720	19,0254	19,0667

Bei der Berechnung der Verhältnisse $\frac{V_2^2}{V_1^2}$ usw. in den Tabellen 8 und 9 wurden die Werte für die Spannung V_1 und i_1 unter Einschaltung von zwei Röhren gewählt, da der Strom am Anfang des Teilwiderstandes R_1, wenn zwei Röhren eingeschaltet sind, in Phase mit der Gesamtspannung ist.

Die Resultate zeigen: Erstens, daß man die Kurbelwiderstände oder Flüssigkeitswiderstände als Vorschaltwiderstände benutzen kann, da sich tatsächlich kein Unterschied bei der Verwendung derselben ergeben hat.

Zweitens, die große Genauigkeit der Messungen der Widerstände, da wir, trotzdem wir von 2 auf 3 Röhren bzw. 3 auf 4 Röhren bei konstant angelegter Hochspannung übergegangen sind, für die gesamte Spannung V aus Gl. 47 berechnet, praktisch gleiche Werte erhalten haben. Die gefundene Differenz ist weit unter 1 Promille. Wären die Messungen der Widerstände fehlerhaft gewesen, dann hätten sich bei Änderung der Rohrzahl Unterschiede für V ergeben müssen.

Beim Übergang von $n=2$ auf $n=1$ ist der maximale Unterschied gleich $0{,}15\,^0/_0$. Dies ist, wie es scheint, nicht ein Fehler in der Messung der Widerstände, sondern ein Fehler, der auf der Tatsache beruht, daß der Strom am Anfang und die Gesamtspannung nicht in Phase sind, wenn nur ein Teilwiderstand eingeschaltet ist.

Drittens, daß der Widerstand der Lösung konstant bleibt.

Viertens, daß für zwei oder mehr Röhren der Fehler in der Spannungsmessung nicht größer als $0{,}35\,^0/_0$ ist.

Fünftens, daß für $n=1$ der Fehler nur $0{,}4\,^0/_0$ beträgt.

Sechstens, daß für $n=2$ bis 4 Röhren und eine Spannung bis zu 28 000 Volt, die Anordnung als ein rein ohmischer Widerstand angesehen werden kann und daß es dann genügt,

$$V = \frac{n \cdot R + \varrho}{\varrho} v$$

zu setzen.

Die Phasenverschiebung des Widerstandssatzes. Die Phasenabweichung des Widerstandssatzes, wenn wir nicht von der kleinen Korrektion[1]) ε absehen, ist:

$$\measuredangle(\delta\mathfrak{V}, \mathfrak{J}_0) = +\frac{1}{2}\left\{2\varepsilon + \left[\frac{n}{2} - \frac{1}{6} - 2P_1 - (n-2)P_2\right] R_1 \omega K_1\right\}. \quad (48)$$

---
[1]) Seite 44 der Arbeit.

Setzen wir die Werte von P_1 und P_2 ein, dann verschwindet das zweite Glied und wir haben

$$\measuredangle(\delta\mathfrak{V},\mathfrak{J}_0)=+\varepsilon$$

In diesem Fall[1]) ist

$$\varepsilon=\varepsilon_1-\eta_1$$
$$\varepsilon_1=0$$
$$\eta_1=9{,}7\cdot 10^{-6}=2''$$

Die Nachweisung der Gl. 48 ist wie folgend:

$$\measuredangle(\delta\mathfrak{V}_2,\mathfrak{J}_0)=\varepsilon+\left(\frac{1}{6}-\frac{P_1}{2}-\frac{\mu P_1}{2}\eta'\right)y$$

$$\measuredangle(\mathfrak{J}_1,\mathfrak{J}_0)= +\left(\frac{1}{2}-P_1-{}'\mu P_1\eta'\right)y$$

$$\measuredangle(\delta\mathfrak{V}_1,\mathfrak{J}_1)=\varepsilon-\left(\frac{1}{3}-\frac{P_1}{2}-\frac{\mu P_1}{2}\eta\right)y.$$

$$y=R_1\omega K_1$$

Nach der Theorie soll $\mu>\dfrac{1}{1000}$ bleiben. Also wird

$$\measuredangle(\delta\mathfrak{V}_1,\mathfrak{J}_0)=\varepsilon+\left(\frac{1}{6}-\frac{P_1}{2}\right)y$$

$$\measuredangle(\mathfrak{J}_1,\mathfrak{J}_0)= +\left(\frac{1}{2}-P_1\right)y$$

$$\measuredangle(\delta\mathfrak{V}_1,\mathfrak{J}_1)=\varepsilon-\left(\frac{1}{3}-\frac{P_1}{2}\right)y$$

ohne großen Fehler.

In Fig. 15

$$\measuredangle(\delta\mathfrak{V}_1,\mathfrak{J}_0)=\alpha_a=\varepsilon+\left(\frac{1}{6}-\frac{P_1}{2}\right)y=x_1$$
$$\cdots\cdots\cdots\cdots\cdots\cdots\cdots\cdots$$
$$\measuredangle(\delta\mathfrak{V}_2,\mathfrak{J}_0)=\alpha_1+\alpha_c$$
$$\alpha_1=\measuredangle(\mathfrak{J}_1,\mathfrak{J}_0)=\left(\frac{1}{2}-P_1\right)y=\mathfrak{z}_1$$
$$\alpha_c=\varepsilon+\left(\frac{1}{6}-\frac{P_2}{2}\right)y=x_2$$
$$\measuredangle(\delta\mathfrak{V}_2,\mathfrak{J}_0)=\mathfrak{z}_1+x_2$$
$$\cdots\cdots\cdots\cdots\cdots\cdots\cdots$$

---

[1]) Seiten 3 und 4 der vorliegenden Arbeit.

Die Hauptuntersuchung.

$$\sphericalangle(\delta\mathfrak{V}_3, \mathfrak{J}_0) = \alpha_1 + \alpha_2 + \alpha_{c2}$$

$$\alpha_1 = \mathfrak{z}_1$$

$$\alpha_2 = \sphericalangle(\mathfrak{J}_2, \mathfrak{J}_1) = \left(\frac{1}{2} - P_2\right) y = \mathfrak{z}_2$$

$$\alpha_{c2} = x_2$$

$$\sphericalangle(\delta\mathfrak{V}_3, \mathfrak{J}_0) = \mathfrak{z}_1 + x_2 + \mathfrak{z}_2$$

. . . .

$$\sphericalangle(\delta\mathfrak{V}_4, \mathfrak{J}_0) = \alpha_1 + \alpha_2 + \alpha_3 + \alpha_{c2}$$

$$\alpha_1 = \mathfrak{z}_1$$

$$\mathfrak{z}_2 = \alpha_2 = \alpha_3 \quad \text{und} \quad \alpha_2 + \alpha_3 = 2\,\mathfrak{z}_2$$

$$\alpha_{c2} = x_2$$

$$\sphericalangle(\delta\mathfrak{V}_4, \mathfrak{J}_0) = \mathfrak{z}_1 + x_2 + 2\,\mathfrak{z}_2$$

. . . .

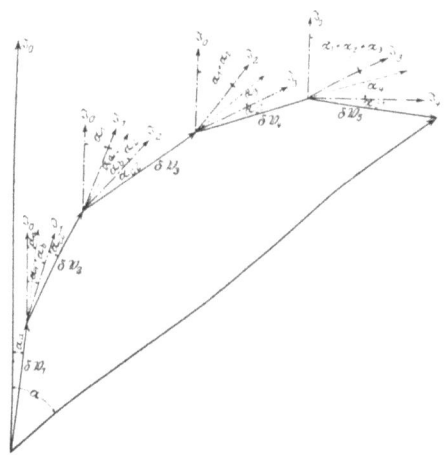

Fig. 15.

$$\sphericalangle(\delta\mathfrak{V}_5, \mathfrak{J}_0) = \alpha_1 + \alpha_2 + \alpha_3 + \alpha_4 + \alpha_{c1}$$

$$\alpha_1 = \mathfrak{z}_1$$

$$\mathfrak{z}_2 = \alpha_2 = \alpha_3 = \alpha_4 \quad \text{und} \quad \alpha_2 + \alpha_3 + \alpha_4 = 3\,\mathfrak{z}_2$$

$$\alpha_a = \alpha_{c1} = \sphericalangle(\delta\mathfrak{V}_1, \mathfrak{J}_0) = \varepsilon + \left(\frac{1}{6} - \frac{P_1}{2}\right) y = x_1$$

$$\sphericalangle(\delta\mathfrak{V}_5, \mathfrak{J}_0) = \mathfrak{z}_1 + x_1 + 3\,\mathfrak{z}_2$$

. . . .

Im allgemeinen
$$\sphericalangle(\delta\mathfrak{B}_{n-1}, \mathfrak{J}_0) = \mathfrak{z}_1 + x_2 + (n-3)\mathfrak{z}_2$$
und
$$\sphericalangle(\delta\mathfrak{B}_n, \mathfrak{J}_0) = \mathfrak{z}_1 + x_1 + (n-2)\mathfrak{z}_2.$$

Nun
$$\sphericalangle(\delta\mathfrak{B}, \mathfrak{J}_0) = \alpha = \{\sphericalangle(\delta\mathfrak{B}_1, \mathfrak{J}_0) + \sphericalangle(\delta\mathfrak{B}_2, \mathfrak{J}_0) + \cdots$$
$$+ \sphericalangle(\delta\mathfrak{B}_{n-1}, \mathfrak{J}_0) + \sphericalangle(\delta\mathfrak{B}_n, \mathfrak{J}_0)\} \cdot \frac{1}{n}.$$

Wir machen die Summe und erhalten
$$\alpha = \frac{1}{n}\left\{2x_1 + (n-1)\mathfrak{z}_1 + (n-2)x_2 + \frac{(n-2)(n-1)}{2}\mathfrak{z}_2\right\}.$$

Setzen die Werte ein,
$$\alpha = \frac{1}{n}\left\{2\left[\varepsilon + \left(\frac{1}{6} - \frac{P_1}{2}\right)y\right] + (n-1)\left(\frac{1}{2} - P_1\right)y + (n-2)\right.$$
$$\left.\left[\varepsilon + \left(\frac{1}{6} - \frac{P_2}{2}\right)y\right] + \frac{n^2 - 3n + 2}{2}\left(\frac{1}{2} - P_2\right)y\right\}$$

und wir finden
$$\alpha = \frac{1}{n}\left\{n\varepsilon + \left[\frac{n^2}{4} - \frac{n}{12} - nP_1 - \left(\frac{n^2}{2} - n\right)P_2\right]y\right\}.$$

Wir nehmen $\frac{n}{2}$ aus und
$$\alpha = \frac{1}{2}\left\{2\varepsilon + \left[\frac{n}{2} - \frac{1}{6} - 2P_1 - (n-2)P_2\right]R_1\omega K_1\right\}.$$

Setzen wir die Werte für $P_1 = \frac{5}{12}$ und $P_2 = \frac{1}{2}$ ein; dann
$$\alpha = \varepsilon.$$

Nun $\varepsilon = \varepsilon_1 - \eta_1 = -\eta_1$, da $\varepsilon_1 = 0$ ist.
$$\eta_1 = 2'',$$
oder
$$\sphericalangle(\delta\mathfrak{B}, \mathfrak{J}_0) = 2''$$

Wir sehen, daß der Strom der Spannung voreilt.

Dies ist vernachlässigbar. Wir möchten es nicht unerwähnt lassen, daß man durch Änderung der Konzentration der Lösung die Größen $R_1\omega K_1$ ändern kann.

Wie man erkennt, besitzt der Widerstandssatz aus Flüssigkeitswiderständen mancherlei Vorteile; die hauptsächlichsten sind folgende:
1. Hinlängliche Genauigkeit;
2. Geringe Herstellungskosten;
3. Sehr hohe Teilspannungen in jedem Teilwiderstand;
4. Die Möglichkeit, mit 4 Teilwiderständen Spannungen bis zu 27000 Volt und bei Verwendung von noch mehr Teilwiderständen noch höhere Spannungen zu messen;
5. Die Möglichkeit, in den Röhren auch jede andere Widerstandslösung zu verwenden und dadurch den Apparat auch für niedere Meßbereiche zu benutzen.

Wir haben nun unser Ziel erreicht, im vorstehenden ist nachgewiesen, daß es möglich ist, und sogar Vorteile bietet, die Drahtwiderstände durch Flüssigkeitswiderstände zu ersetzen, dadurch jede Teilspannung zu vergrößern und bei einer gegebenen Zahl von Teilwiderständen den Meßbereich der Spannungsteiler zu erhöhen. Wir möchten nicht unerwähnt lassen, daß bei Verwendung von Drahtwiderständen für solche hohe Teilspannungen, wie wir sie messen konnten, abgesehen von den Dimensionen und höheren Kosten derselben, die Selbstinduktion merkliche Werte annimmt und dadurch störend wirken würde, was bei unseren Flüssigkeitswiderständen nicht der Fall ist.

Hochspannungselektrometer mit veränderlichem Meßbereich.

Wie bei Niederspannungsmessungen ist es auch bei Hochspannungsmessungen häufig erwünscht, die Empfindlichkeit des zur Messung dienenden Elektrometers in bekanntem Verhältnis rasch verändern zu können. Ist diese Möglichkeit vorhanden, so bietet sich der weitere, wesentliche Vorteil, daß die Eichung des Instruments bei der größten Empfindlichkeit, also mit der niedersten Spannung und einfacheren Hilfsmitteln, geschehen kann und dann auch für die höheren Spannungen gilt. Verfahren die Empfindlichkeit eines Elektrometers in bekanntem Verhältnis zu ändern sind mehrfach benützt worden. Heydweiller ändert bei seinem Bifilarelektrometer den Abstand der Aufhängedrähte, Müller benutzt bei seinem ähnlich eingerichteten Instrument die verschiedene Belastung der Bifilaraufhängung, und bei der S. 34 angegebenen Kompensation durch ein magnetisches Feld hat man noch weitere Möglichkeiten, die Empfindlichkeit passend einzustellen.

Bei dem viel benützten und für orientierende Messungen so bequemen Elektrometer von F. Braun läßt sich ohne Änderung des beweglichen Systems die Empfindlichkeit vergrößern, indem man die bei normalem Gebrauch horizontal liegende Nadelachse bzw. das ganze Instrument mehr oder weniger neigt. Die Empfindlichkeit dieses idiostatischen Elektrometers ändert sich dann wie $1:\sqrt{\cos\Phi}$. Man wird jedoch bei der üblichen Spitzenlagerung wegen des notwendigen Spielraumes die Neigung der Flügelachse gegen die Horizontale nicht mit so großer Sicherheit aus der Drehung des Instrumentes angeben können, daß man höhere Empfindlichkeiten als etwa das Vierfache erzielen kann.

Auf eine andere Weise haben wir versucht, ein Instrument mit angebbarer Änderung der Empfindlichkeit zu konstruieren. Ein leicht beweglicher Flügel ist in der Vertikalebene um eine horizontale Achse drehbar angeordnet und sucht sich aus seiner geneigten Ruhelage aufzurichten, sobald ein vertikal gerichtetes elektrisches Feld auf ihn wirkt. Ein der Drehungsachse des Flügels parallel gerichtetes, horizontal verlaufendes Feld dagegen erzeugt kein Drehmoment. Bei der Neigung Φ des Feldes gegen die Vertikalebene entsteht ein Drehmoment proportional mit $\cos\Phi$, so daß man durch Drehen der Feldrichtung die Empfindlichkeit ändern und aus dem Drehungswinkel die Veränderung bestimmen kann.

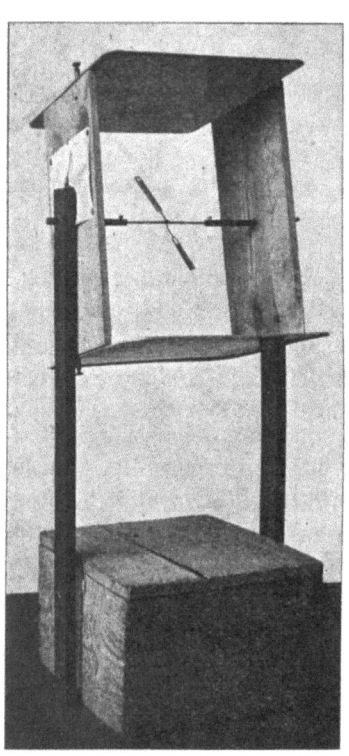

Fig. 16.

Dieser Überlegung entsprechend wurde ein Modell gebaut, von dem Fig. 16 eine Ansicht gibt. Zwei Metallplatten von 30×30 cm wurden durch zwei isolierende Wände von 20×30 cm zu einem offenen Würfel verbunden. Durch die Mitten der Wände läuft eine horizontale feste Achse, um die der Würfel und damit ein zwischen den Metallplatten erzeugtes Feld gedreht werden kann. Auf der in der Mitte unterbrochenen Achse ist der Elektrometerflügel befestigt. Ist α der Ausschlag für die Spannung V, wenn das Feld vertikal gerichtet ist, so sollte der gleiche Ausschlag α vorhanden sein bei der Spannung $2V$, wenn das Feld um einen Winkel Φ gedreht wird, dessen Kosinus gleich $\frac{1}{4}$ ist, also um

$\Phi = 75^0 31' 21''$.

Die Ergebnisse vergleichender Messungen sind auf Fig. 17 dargestellt. Es ergab sich, daß der Verdrehungswinkel für den gleichen Ausschlag nicht genau der berechnete, sondern 75,0° war. Hierbei waren die Ausschläge, wie die Fig. 17 zeigt, bei unserem Modell bis ca. 10 KV unter den genannten Verhältnissen dieselben. Durch Vergrößerung der Platten von 30 cm auf 50 cm konnte auch für noch höhere Spannungen Übereinstimmung erzielt werden[1]).

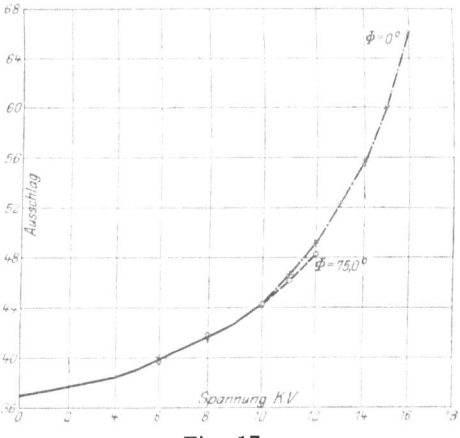

Fig. 17.

---

[1]) Ich hoffe nach meiner Rückkehr nach Nordamerika Gelegenheit zu finden, mich der weiteren Ausbildung eines auf dem dargelegten Prinzip beruhenden Instrumentes widmen zu können.

If you have any concerns about our products,
you can contact us on
ProductSafety@springernature.com

In case Publisher is established outside the EU,
the EU authorized representative is:
**Springer Nature Customer Service Center GmbH
Europaplatz 3, 69115 Heidelberg, Germany**

Printed by Libri Plureos GmbH
in Hamburg, Germany